Joseph Ribeiro
Samuel Sackey

Manutenção do equipamento de produção nas indústrias transformadoras do Gana

Joseph Ribeiro
Samuel Sackey

Manutenção do equipamento de produção nas indústrias transformadoras do Gana

ScienciaScripts

Imprint
Any brand names and product names mentioned in this book are subject to trademark, brand or patent protection and are trademarks or registered trademarks of their respective holders. The use of brand names, product names, common names, trade names, product descriptions etc. even without a particular marking in this work is in no way to be construed to mean that such names may be regarded as unrestricted in respect of trademark and brand protection legislation and could thus be used by anyone.

Cover image: www.ingimage.com

This book is a translation from the original published under ISBN 978-620-2-31623-1.

Publisher:
Sciencia Scripts
is a trademark of
Dodo Books Indian Ocean Ltd. and OmniScriptum S.R.L publishing group

120 High Road, East Finchley, London, N2 9ED, United Kingdom
Str. Armeneasca 28/1, office 1, Chisinau MD-2012, Republic of Moldova, Europe
Printed at: see last page
ISBN: 978-620-7-95519-0

Copyright © Joseph Ribeiro, Samuel Sackey
Copyright © 2024 Dodo Books Indian Ocean Ltd. and OmniScriptum S.R.L publishing group

DEDICAÇÃO

Dedico este livro à minha esposa, Priscilla, e aos meus pais, Sr. e Sra. Francisco Ribeiro.

RESUMO

A indústria transformadora do Gana é constituída por quatro sectores principais, nomeadamente o trabalho da madeira, a transformação de alimentos, a metalurgia e os têxteis e vestuário. Trabalhos de investigação anteriores referem um grande número de equipamentos de fabrico utilizados na indústria, mas indicam uma cultura de manutenção reduzida entre as empresas. Esta situação exige uma investigação para ajudar a compreender o estado da engenharia de manutenção, bem como os desafios relacionados com a manutenção enfrentados pelas empresas transformadoras no Gana.

Este trabalho explora o estado da manutenção do equipamento de produção em empresas selecionadas de Kumasi, Accra e Tema registadas na Associação das Indústrias do Gana. Foi concebido e aplicado um questionário num inquérito que envolveu visitas a essas empresas. Os dados recolhidos foram analisados utilizando os pacotes de software MS Excel e Stata 10.

Os resultados revelam que a maior parte das empresas inquiridas são privadas, consistindo principalmente em empresas de grande e média dimensão, sendo a maior parte delas de grande dimensão. Além disso, a maioria das empresas no Gana são semi-automatizadas. Contrariamente à perceção de uma cultura de baixa manutenção, as empresas efectuam uma manutenção regular, sendo a estratégia de manutenção mais preferida a manutenção preventiva. Além disso, verifica-se também que a formação do pessoal de manutenção está mal organizada, o que, por vezes, obriga a recorrer a contratos de manutenção. Além disso, durante as operações de manutenção, os fabricantes utilizam poucas ou nenhumas técnicas e ferramentas tecnológicas de ponta. Mais uma vez, apesar da existência de políticas internas de segurança, não existem medidas rigorosas para garantir o seu cumprimento. Os desafios gerais que as empresas enfrentam na aplicação das suas estratégias de manutenção incluem o custo das paragens, o custo das peças sobresselentes, questões jurídicas com os contratantes, entre outros. De um modo geral, as empresas de maior dimensão levam as actividades de manutenção mais a sério do que as de menor dimensão.

RECONHECIMENTO

Agradeço a Deus por tudo. Ele tornou possível a realização desta tese.

Gostaria também de agradecer ao meu primeiro e segundo supervisores, Dr. S. M. Sackey e Dr. Anthony Agyei-Agyemang, respetivamente, que foram gentis e pacientes comigo. Os vossos conhecimentos, compreensão e paciência ajudaram-me a apresentar um bom trabalho. Deus vos abençoe ricamente.

Um agradecimento especial, do fundo do meu coração, à minha esposa, Sra. Priscilla Francisco Ribeiro, pelo seu incentivo e apoio moral. Gostaria também de agradecer aos meus pais pelo seu constante encorajamento e motivação. Esta tese não teria sido concluída sem eles.

Além disso, manifesto o meu apreço à Sra. Cynthia Osei, ao Sr. J.K. Boakye e à Sra. Naana Amaki Agyeman, todos do Politécnico de Kumasi, pelo seu apoio.

Gostaria também de agradecer a todas as empresas inquiridas em Tema, Accra e Kumasi. Reconheço que, sem as informações fornecidas e a vossa amável cooperação durante o trabalho de campo, esta tese não teria sido concluída. Estou em dívida para convosco.

Por último, gostaria de exprimir a minha gratidão a todas as pessoas cujos nomes não são aqui mencionados, mas que, de uma forma ou de outra, me ajudaram, por todo o apoio e assistência que prestaram durante e após o trabalho de investigação. Que Deus vos abençoe a todos.

ÍNDICE DE CONTEÚDOS

CAPÍTULO 1

1. 1INTRODUÇÃO

1. 1FUNDAMENTO

Existem quatro sectores principais na indústria transformadora do Gana, nomeadamente o trabalho da madeira, o trabalho do metal, a transformação de alimentos e os têxteis e vestuário, que, em conjunto, representam 70% do emprego na indústria transformadora do Gana (Frazer, 2004). A maioria destas indústrias são indústrias de substituição de importações porque produzem para o mercado local bens domésticos que são normalmente importados. Atualmente, existe um grande stock de equipamento de produção nas várias empresas do país. Estes equipamentos vão desde os que são operados manualmente até aos que são totalmente automatizados. Uma investigação efectuada na metrópole de Kumasi sobre algumas empresas de produção reconhecidas, algumas das quais produzem para exportação, mostrou que a maioria (70%) utiliza equipamento manual para a produção, 20% equipamento semi-automatizado e 10% equipamento totalmente automatizado (Adejuyigbe, 2006).

As condições actuais do mercado colocam grande ênfase na variedade, desempenho e qualidade dos produtos. Para satisfazer estes requisitos, os fabricantes foram obrigados a utilizar máquinas complexas e sofisticadas. Ao longo do tempo, a necessidade de satisfazer e melhorar os requisitos mudou a tendência do fabrico para níveis elevados de automatização (Raouf e Ben-Daya, 1995). O objetivo subjacente à automatização é alcançar uma maior produtividade e lucro, a fim de se manter eficazmente competitivo no negócio. Os elevados níveis de automatização exigem que as máquinas utilizadas funcionem sem problemas e este requisito alterou a tecnologia e a filosofia de funcionamento da indústria transformadora em todo o mundo (Mishra e Pathak, 2004). Apesar dos êxitos alcançados nesta área, um fator importante que tem de ser sempre considerado é o custo de manutenção. Os custos de capital elevados e crescentes das máquinas de produção modernas, bem como os elevados custos de manutenção, que se estimam em 15% a 40% do custo de produção, são factores que obrigaram as empresas a prestar atenção à manutenção (Lofsten, 1999; Coetzee, 1999).

Além disso, a tecnologia está a tornar-se cada vez mais complexa, com a eletrónica, a robótica e o controlo informático a influenciarem todos os aspectos do fabrico e da manutenção. Isto conduziu a muitas mudanças nas actividades de manutenção. São necessários programas de formação especiais e contínuos para fornecer os conhecimentos, a compreensão e as competências necessárias para prestar assistência a equipamentos cada vez mais especializados e acompanhar o desenvolvimento da indústria (Mishra e Pathak, 2004).

A norma britânica 3811:1974 estabelece que a manutenção é uma combinação de todas as acções levadas a cabo para manter um artigo em condições aceitáveis ou para o restaurar. Atualmente, a indústria transformadora tem utilizado muitas estratégias e filosofias de manutenção para reduzir os custos, melhorar a disponibilidade das máquinas e equipamentos e aumentar a rentabilidade. Além disso, vários sistemas informatizados de gestão da manutenção, que utilizam software personalizado, estão disponíveis para as empresas de fabrico para facilitar a gestão eficiente da manutenção do número crescente de equipamentos e sistemas de dispositivos complexos utilizados diariamente (DiPaolo, 2010). Bamber et al., (1999) relata que uma atividade de manutenção eficaz pode contribuir significativamente para a rentabilidade da empresa através do aumento da eficiência da produção, da fábrica, da disponibilidade e da fiabilidade.

1.2 EXPOSIÇÃO   DO PROBLEMA

Foram realizados alguns estudos sobre o sector da indústria transformadora no Gana. Existe informação geral, facilmente acessível, sobre a localização, os produtos e as actividades das empresas industriais. No entanto, existe ainda uma lacuna de informação sobre as actividades de manutenção realizadas na indústria. Amoako-Gyampah et al., (2001) e Adejuyigbe, (2006) referem que existe um certo nível de actividades de manutenção na indústria, mas não fornecem pormenores específicos; por exemplo, o tipo de estratégia de manutenção adoptada, o equipamento e a tecnologia utilizados, o papel do gestor de manutenção, a formação e a documentação, entre outros.

Há uma perceção geral de que os ganeses não têm uma cultura de manutenção (Afranie, 2004) e, consequentemente, não empregam quaisquer políticas ou estratégias de manutenção nas suas empresas industriais. Acredita-se que esta atitude levou à multiplicação de renovações e substituições de estruturas e equipamentos, o que custou muito caro à nação em termos monetários e atrasou o crescimento nacional (Obeng-Odoom e Amedzro, 2011). Existem alguns estudos que apoiam a noção de que, nos países em desenvolvimento, as empresas transformadoras consideram mais fácil substituir do que manter devido à falta de competências (Soderbom, 2000).

Esta investigação procura fornecer uma visão sobre a engenharia de manutenção nas empresas de produção no Gana. O investigador acredita que este trabalho ajudará a trazer à luz do dia os desafios e as perspectivas da engenharia de manutenção no país.

1.3 JUSTIFICAÇÃO

A conclusão deste trabalho de investigação trará os seguintes benefícios:

1. contribuição para o conhecimento no meio académico

A investigação fornecerá informações sobre o estado da engenharia de manutenção dos equipamentos de produção na indústria transformadora do Gana. Permitiria obter informações sobre questões que vão desde o tipo de políticas de manutenção em vigor até às estratégias e filosofias subjacentes às actividades de manutenção adoptadas, aos custos e às economias realizadas, aos recursos humanos envolvidos, entre outras, colmatando assim a lacuna de informação. Este conhecimento contribuído para o meio académico pode ser facilmente acedido para investigação futura.

2. informações sobre a indústria transformadora no Gana

Atualmente, nas indústrias de capital intensivo, os custos de manutenção podem representar 30% a 50% dos custos totais de funcionamento (Al-Najjar, 1996). A importância, o âmbito e o custo da função de manutenção para as nações têm crescido em todas as proporções com os avanços na tecnologia de engenharia. Por exemplo, o custo da manutenção e da segurança operacional foi de cerca de 23 mil milhões de dólares em 1991 na Suécia, enquanto no Reino Unido foi estimado em 1,95 mil milhões de dólares (Al-Najjar, 1996). A investigação espera revelar o custo da manutenção em cada uma das empresas industriais selecionadas e no país como um todo. Esta informação, juntamente com a informação da literatura, poderá esclarecer a forma como os custos de manutenção podem ser geridos eficazmente.

Os resultados da investigação serviriam também como fonte de informação para os intervenientes na indústria transformadora do Gana sobre o estado da engenharia de manutenção dos equipamentos de produção, os desafios enfrentados e as suas perspectivas. Além disso, forneceria informações sobre as tendências actuais em matéria de engenharia e gestão da manutenção para as empresas transformadoras do Gana.

3. perspectivas empresariais e de emprego

Um dos domínios em crescimento na engenharia de manutenção é a externalização. A manutenção por contrato está a fazer incursões profundas na gestão da manutenção (Gopalakrishnan et al., 2004). Os resultados desta investigação poderão servir de estímulo para que as pessoas comecem a fornecer serviços de manutenção por contrato, bem como equipamento. Outros serviços que podem ser prestados incluem a formação em manutenção para o pessoal e as tecnologias da informação, criando assim emprego.

4. gestão dos desafios

O resultado da investigação pode ser acedido e utilizado pelos fabricantes do Gana para melhorar as suas actividades de manutenção.

1. 4OBJECTIVO

O objetivo geral desta investigação é determinar:

i.   o estado da engenharia de manutenção dos equipamentos de produção na indústria transformadora do Gana

ii.   as perspectivas e os desafios da prática.

1. 5METHODOLOGIA

Para atingir o objetivo estabelecido, procedeu-se à recolha e revisão da literatura para permitir ao investigador identificar os dados necessários a recolher e analisar.

Foi concebido e aplicado um questionário num inquérito que envolveu visitas a indústrias transformadoras em Kumasi, Accra e Tema. Foram também realizadas entrevistas, sempre que necessário, para esclarecer informações relevantes fornecidas pelos inquiridos. Os dados recolhidos foram analisados utilizando o MS Excel e o Stata10 para facilitar a elaboração de conclusões adequadas. Os resultados da análise foram utilizados para tirar conclusões adequadas e fazer recomendações.

1.6ÂMBITO DO TRABALHO E ORGANIZAÇÃO DA TESE

Este trabalho de investigação explora a situação da engenharia de manutenção dos equipamentos de produção em empresas selecionadas, registadas na Associação das Indústrias do Gana, provenientes de Kumasi, Accra e Tema. Estas cidades foram escolhidas por terem a maior concentração de empresas transformadoras no Gana. Os pormenores dos vários capítulos são explicados a seguir. O capítulo 2 analisa a literatura sobre manutenção, os tipos disponíveis, as práticas comuns e modernas. O capítulo 3 examina a conceção do questionário adotado para a realização do trabalho de investigação, enquanto o capítulo 4 apresenta a análise dos resultados. O capítulo 5 analisa os resultados obtidos. O trabalho apresenta as suas recomendações e conclusões finais no capítulo 6.

CAPÍTULO 2

1. 2REVISÃO DA LITERATURA

2. 1INTRODUÇÃO

Uma boa engenharia de manutenção é essencial para o sucesso de qualquer operação de fabrico ou transformação. Um dos principais componentes do sucesso de uma empresa é possuir um departamento de manutenção de qualidade, do qual se pode depender para descobrir falhas sistemáticas e recomendar soluções sólidas e práticas (Damewood, 2010).

Existem muitas definições de manutenção, mas uma mais abrangente, dada por Telang e Telang (2010), definiu-a como "a combinação de todas as acções técnicas e administrativas conexas, incluindo a supervisão, com o objetivo de manter um artigo ou de o repor num estado em que possa desempenhar uma função necessária". Esta definição identifica claramente duas actividades distintas na manutenção: a técnica e a administrativa. As actividades técnicas estão agrupadas na engenharia de manutenção e tratam das tarefas propriamente ditas realizadas nos equipamentos, enquanto as actividades administrativas estão agrupadas na gestão da manutenção e tratam essencialmente dos aspectos de gestão da manutenção. É de salientar que é necessária uma interação óptima e eficiente entre os dois domínios para obter os melhores resultados. A gestão da manutenção tornou-se mais predominante e passou a ser um fator importante para alcançar a produtividade global nas organizações industriais (Telang e Telang, 2010).

A manutenção evoluiu de uma função não reconhecida, que consistia em tarefas simples como a limpeza, a lubrificação e reparações simples, para um elemento importante na gestão e produtividade industriais. A necessidade de engenharia e gestão da manutenção está a tornar-se cada vez mais importante para as indústrias transformadoras devido ao aumento dos preços dos equipamentos, sistemas, máquinas e infra-estruturas (Telang e Telang, 2010). Mais uma vez, esta necessidade também está a crescer devido aos intrincados sistemas informatizados de fabrico e produção, com os seus equipamentos modernos necessários, que se estão a tornar complexos e a exigir uma série de pessoal, competências e sistemas relacionados para os gerir (Damewood, 2010). Para colocar a situação em perspetiva, antes de 2006, os Estados Unidos da América gastavam anualmente cerca de 300 mil milhões de dólares só em manutenção e operações de fábricas (Dhilion, 2006). Além disso, muitos outros factores, incluindo as implacáveis forças competitivas do mercado, os rigorosos calendários de fornecimento e controlos de qualidade, a legislação em matéria de segurança e a regulamentação ambiental, vieram agravar a já grave situação (Telang e Telang, 2010).

As empresas transformadoras, a economia global e o mundo em geral sofreram mudanças significativas e a concorrência está em todo o lado. O mundo tornou-se global e a concorrência está em todo o lado. Estes novos desafios conduziram a profundas transformações nas empresas, afectando também a manutenção. Como resultado desta transformação, a manutenção passou a ter uma posição de maior e merecida importância, devido à sua incidência na competitividade global da empresa (Santiago, 2010).

Quando a manutenção numa organização é negligenciada, conduz a avarias cada vez mais frequentes que resultam em reparações dispendiosas e numa deterioração mais rápida de equipamento valioso e geralmente caro, tendo inevitavelmente consequências prejudiciais de longo alcance na produção como um todo. Este facto torna um elevado nível de eficiência da manutenção não só desejável mas também muito obrigatório para o bem-estar industrial a todos os níveis e mesmo a nível nacional (Gopalakrishnan e Banerji, 2004).

2.2 OBJECTIVOS   DA MANUTENÇÃO

Os objectivos da manutenção são os seguintes

i.   assegurar a máxima disponibilidade das instalações, equipamentos e máquinas para utilização produtiva através de uma manutenção planeada;

ii.   manter o equipamento e as instalações a um nível económico de reparações em todos os momentos, para os conservar e aumentar a sua vida útil;

iii.   fornecer os serviços desejados aos serviços operacionais a níveis óptimos, através da melhoria da eficiência da manutenção;

iv.   fornecer à direção informações sobre o custo e a eficácia da manutenção; e

v.   alcançar todos os objectivos supramencionados da forma mais económica possível

Os objectivos da manutenção podem, por conseguinte, ser resumidos como a conservação sistemática e científica do equipamento para prolongar a sua vida útil, assegurando uma prontidão operacional imediata e uma disponibilidade óptima para a produção em qualquer momento, garantindo simultaneamente que a segurança do homem e da máquina nunca seja posta em causa a um custo razoável (Gopalakrishnan e Banerji,

2004; Santiago, 2010, Telang e Telang, 2010).

2.3IMPORTÂNCIA   DA MANUTENÇÃO

Os benefícios que podem ser derivados de um sistema de manutenção bem organizado incluem a minimização do tempo de inatividade, a melhoria da disponibilidade total do sistema e o prolongamento da vida útil do equipamento, a segurança do pessoal e a redução dos custos.

- Minimização do tempo de inatividade

Um programa de manutenção devidamente organizado ajuda a evitar falhas e, por conseguinte, minimiza o tempo de inatividade (Mishra e Pathak, 2006).

- Melhoria da disponibilidade total do sistema

O aumento da disponibilidade conduz geralmente a um aumento da produção e também a uma melhoria da qualidade dos produtos. O aumento da disponibilidade e a elevada fiabilidade de máquinas bem mantidas também melhoram a moral da mão de obra a longo prazo (Cooke, 2003; Mishra e Pathak, 2006).

- Prolongamento da vida útil do equipamento

A vida útil do equipamento depende também da natureza da manutenção efectuada. Uma manutenção rentável e optimizada prolonga a vida útil do equipamento (Mishra e Pathak, 2006; Franklin, 2008).

- Segurança do pessoal

As avarias aleatórias das máquinas podem causar ferimentos desnecessários ao pessoal. A manutenção correta do equipamento pode e irá evitar lesões. Isto poupa a empresa em termos de recursos financeiros, tais como contas hospitalares e indemnizações, entre outros (Franklin, 2008).

- Redução dos custos

Boas práticas de manutenção resultam numa maior fiabilidade das máquinas na fábrica. A melhoria da fiabilidade também conduz à redução dos custos de manutenção. À medida que as avarias diminuem, as despesas de manutenção no domínio dos materiais, da mão de obra, dos empreiteiros e das peças sobressalentes, entre outros, também diminuem, conduzindo a uma redução global dos custos de manutenção

(Franklin, 2008).

2.4 O SERVIÇO DE MANUTENÇÃO

O departamento de manutenção era um dos departamentos menos considerados na maioria das organizações. Nos últimos anos, no entanto, tem havido uma mudança gradual de atitude em relação à forma como os gestores das empresas vêem a função de manutenção. Uma das razões mais importantes para esta mudança é o facto de os departamentos de manutenção se terem tornado importantes centros de custos cujas actividades já não podem ser ignoradas (Hiatt, 2009). O departamento de manutenção também evoluiu para ter papéis alargados e isso torna imperativo envolvê-lo como um parceiro igual em todo o processo de tomada de decisão da organização (Gopalakrishnan e Banerji, 2004). Embora a direção de muitas organizações fabris reconheça a necessidade de um departamento de manutenção, o lugar que este deve ocupar na estrutura organizacional ainda não foi reconhecido (Gopalakrishnan e Banerji, 2004).

2. 5ORGANIZAÇÃO DA MANUTENÇÃO

2.5.1 Tipos   de organização da manutenção

Existem três tipos de organizações de manutenção: centralizadas, descentralizadas e parcialmente descentralizadas (Gopalakrishnan e Banerji, 2004; Santiago, 2010).

- Centralizado

A organização centralizada da manutenção encontra-se geralmente em fábricas pequenas e compactas, onde a comunicação inter-unidades e inter-departamental é rápida. Este tipo de organização está sob a alçada do diretor de manutenção, que tem a mesma posição que o diretor de produção, e ambos respondem perante o diretor-geral (Gopalakrishnan e Banerji, 2004).

-   Descentralizado

A organização descentralizada da manutenção é recomendada para empresas de grande porte e cujas unidades estão localizadas em áreas distantes, dificultando a comunicação entre as unidades. Nesse tipo de organização, há uma manutenção separada para cada unidade e função. O chefe da unidade é o chefe de produção, que pode ser selecionado a partir da produção ou da manutenção, dependendo da antiguidade e da sustentabilidade do pessoal disponível em cada uma das áreas de especialização (Gopalakrishnan e Banerji, 2004).

- **Parcialmente descentralizado**

A organização parcialmente descentralizada é uma forma modificada da organização descentralizada e também é adequada para grandes fábricas com unidades distantes. Com este tipo de organização, a manutenção quotidiana do equipamento é efectuada por um grupo de trabalhadores da manutenção que estão ligados e são responsáveis perante o diretor de produção dessa unidade. No entanto, as funções de manutenção importantes, como o planeamento e a programação do trabalho de manutenção, a elaboração de calendários, as folhas de processos principais, a especificação do trabalho, a documentação, o cálculo dos custos de manutenção, as grandes revisões, a aquisição de peças sobressalentes, são todas mantidas diretamente sob a alçada do chefe de manutenção. Organizações como esta servem as necessidades do diretor de produção (Gopalakrishnan e Banerji, 2004).

A tendência atual é ter organizações mistas, com alguns sectores descentralizados e parte centralizada, actuando como apoio a todos os sectores descentralizados, para melhor enfrentar as realidades em mudança (Santiago, 2010).

2.5.2 Eficácia da organização da manutenção

Para que um departamento de manutenção cumpra o seu papel de forma eficiente, é importante ter uma organização equilibrada, racionalizada e saudável para gerir e controlar uma infinidade de actividades (Gopalakrishnan e Banerji, 2004). Para atingir este objetivo, é necessário ter em devida conta determinados factores. Entre os principais parâmetros contam-se (Gopalakrishnan e Banerji, 2004):

a. Espírito de equipa

A organização é constituída por pessoas e é sensato reuni-las para trabalharem em equipa. Isto pode ser feito através da criação e manutenção de um espírito de equipa. Quando existe espírito de equipa, o trabalho é feito facilmente e com pouca confusão.

b. O engenheiro da fábrica

É uma boa liderança que pode reunir as pessoas e incutir, bem como manter o espírito de equipa necessário para incentivar a equipa a trabalhar. A responsabilidade de manter o espírito de equipa recai sobre os ombros do técnico de manutenção. Basicamente, ele ou ela deve ser tecnicamente competente, conhecedor e consciente dos custos para ser um líder eficaz e eficiente da equipa; e deve também ser capaz de colmatar todas as lacunas que levam ao desperdício de tempo, talento e esforço.

c. Filosofia

Todos os serviços de manutenção devem ter uma filosofia e políticas que regulem as suas actividades. Estas devem refletir-se de forma honesta e sincera nos actos e acções de cada pessoa do departamento.

d. Política

Uma vez adoptada uma filosofia para utilização, as políticas da organização devem ser documentadas para utilização. Estas políticas devem ser claramente compreendidas pelos seus utilizadores como orientações para os utilizadores que se enquadram no seu âmbito. As políticas podem ser formais ou informais e têm de ser regularmente avaliadas, revistas e actualizadas para refletir a evolução das actividades do departamento. As políticas podem abranger questões como a manutenção das instalações, máquinas, salários e horas de trabalho, entre outras.

e. Âmbito de controlo

Para evitar o desperdício de esforços dos trabalhadores e a falta de um controlo eficaz, deve haver uma proporção numérica razoável entre o supervisor e o supervisionado. Isto deve-se ao facto de haver um limite para o número de pessoas que um indivíduo pode supervisionar eficazmente. Dada a natureza do trabalho e os níveis das pessoas que estão a ser supervisionadas, é importante que a proporção seja corretamente determinada para otimizar o tempo de supervisão e o talento dos trabalhadores.

f. Desenvolvimento dos subordinados

O homem é a peça mais importante da engrenagem da maquinaria de produção e tem de ser tratado com a máxima sensibilidade e cuidado. O pessoal deve receber formação e ser regularmente atualizado sobre as práticas de manutenção actuais para gerir e manter as máquinas complexas utilizadas na produção moderna (Gopalakrishnan e Banerji, 2004). Hoje em dia, um bom técnico de manutenção deve ter formação em: automação, instrumentação, eletrónica, eletricidade, hidráulica, pneumática, mecânica, segurança industrial, qualidade, informática e conhecimentos linguísticos, para além do conhecimento específico do processo, que é fundamental para compreender o funcionamento do que deve manter (Santiago, 2010). Geralmente, quanto menos instruído e qualificado for o trabalhador, mais supervisão ele necessitará. Quando os subordinados mais esclarecidos são deixados por sua conta, tendem a melhorar o seu crescimento e desenvolvimento (Gopalakrishnan e Banerji, 2004).

g. Enunciação clara das funções

Um dos principais obstáculos ao trabalho em equipa é a definição distorcida ou vaga de funções, responsabilidades e autoridade. Para evitar a confusão e a duplicação de esforços e funções, é importante que os subordinados conheçam o âmbito e os limites das suas posições em termos muito claros. Isto promoverá um funcionamento melhor e mais saudável da organização (Gopalakrishnan e Banerji, 2004, Telang e Telang, 2010).

2. 6ESTRATÉGIAS DE GESTÃO DA MANUTENÇÃO

É essencial que qualquer organização envolvida na utilização de máquinas, instalações, equipamentos e equipamentos possua e siga uma política de manutenção bem definida para garantir o seu bem-estar. A escolha ou a adoção de uma política de manutenção deve ser tal que se adapte às suas necessidades e possa ser implementada de forma eficaz e eficiente (Gopalakrishnan e Banerji, 2004). Os sistemas de manutenção estão diretamente relacionados com os recursos de que a indústria dispõe para atingir os objectivos de manutenção declarados. Mais uma vez, a escolha de um sistema de manutenção é influenciada pelas prioridades e requisitos da empresa, pelo estado das instalações, pela idade, pelos níveis de recursos internos, pela segurança e por outros regulamentos legais (Telang e Telang, 2010). O sistema de manutenção pode ser classificado nas seguintes categorias: manutenção planeada e não planeada (reactiva) / sistema de manutenção até à falha.

2.6.1 Manutenção não planeada

A manutenção não planeada refere-se às actividades de reparação, substituição ou restauro realizadas numa máquina ou instalação após a ocorrência de uma falha, a fim de a colocar, pelo menos, no seu estado mínimo aceitável. As tarefas que são efectuadas no âmbito deste sistema são principalmente orientadas para os acontecimentos (Mobley, 2004).

Os principais sistemas de manutenção sob tarefas de manutenção não planeadas são a emergência e a avaria (run-to-failure).

Emergência

Trata-se de uma manutenção efectuada o mais rapidamente possível, a fim de colocar uma máquina ou instalação avariada em condições de segurança e de eficiência operacional. Normalmente, as avarias ocorridas e que requerem atenção são inesperadas (Gopalakrishnan e Banerji, 2004).

Avaria (run-to-failure)

Também designada por manutenção de reparação (Gopalakrishnan e Banerji, 2004), este sistema de manutenção só é efectuado quando a máquina ou o equipamento falhou (Mobley, 2004). Neste sistema de manutenção, é dada menos atenção às condições de funcionamento das máquinas críticas da fábrica; o principal objetivo é a rapidez com que a máquina pode voltar ao serviço. Este método, no entanto, é ineficaz e o mais caro. O custo envolvido na utilização deste sistema de manutenção é pelo menos três vezes superior ao dos sistemas de manutenção planeada (Mobley, 2008a).

Outros tipos de manutenção no âmbito do sistema de manutenção não planeada são as reconstruções, as reparações e a reparação (Mobley, 2008a).

2.6.   2Manutenção planeada

Também conhecido como manutenção preventiva, este sistema melhora o sistema de manutenção de rotina e exige que os trabalhos de manutenção sejam planeados com antecedência. É realizada com previsão, controlo e registos de acordo com um plano pré-determinado. A ênfase é colocada nas necessidades do equipamento e nos requisitos esperados da máquina. O sistema baseia-se nas recomendações dos fabricantes de equipamentos.

Neste sistema, as instruções de manutenção são mais pormenorizadas e completas (Gopalakrishnan e Banerji, 2004). Em geral, todos os sistemas de manutenção planeada incluem actividades que planeiam, registam e controlam todo o trabalho realizado para manter uma instalação a níveis de manutenção aceitáveis. Isto inclui o planeamento a longo prazo e o planeamento do trabalho de manutenção diário. A sua utilização permite fazer estimativas eficazes do tempo e dos custos e permite poupar tempo e custos, melhorando o mecanismo de controlo (Gopalakrishnan e Banerji, 2004).

A manutenção programada pode ser dividida em três grandes sistemas de manutenção: sistemas de manutenção preditiva, de melhoria e corretiva.

Manutenção corretiva

A manutenção corretiva pode ser definida como a manutenção efectuada para repor as máquinas que deixaram de estar em condições aceitáveis (Gopalakrishnan e Banerji, 2004). A manutenção corretiva, como subconjunto da manutenção preventiva global, centra-se em tarefas regulares planeadas que manterão todas as máquinas e sistemas críticos da fábrica em condições óptimas de funcionamento. Ao contrário da manutenção de avarias, a sua eficácia baseia-se nos custos do ciclo de vida das máquinas, equipamentos e sistemas críticos das instalações. O principal conceito de manutenção corretiva é que as reparações adequadas e completas de todos os problemas que se desenvolvem são feitas conforme necessário. Além disso, as reparações são efectuadas por artesãos bem formados e verificadas antes de a máquina voltar a funcionar (Mobley, 2008c).

Manutenção preventiva

A manutenção preditiva é uma técnica de manutenção que aplica uma avaliação regular das condições reais de funcionamento do equipamento, dos sistemas de produção e das funções de gestão da fábrica para otimizar o funcionamento total da fábrica (Mobley, 2008d). O objetivo deste sistema é adquirir a capacidade de prever atempadamente uma falha iminente, evitando assim falhas que poderiam causar custos de penalização e até criar riscos para a saúde e a segurança (Gopalakrishnan e Banerji, 2004). Para atingir este objetivo, a monitorização da condição / monitorização baseada na condição ou manutenção centrada na fiabilidade é um pré-requisito (Tse, 2002). Tal deve-se ao facto de a sua implementação se basear na aplicação de dois métodos de monitorização: a monitorização estatística e a monitorização baseada na condição. A monitorização estatística é uma ferramenta da manutenção centrada na fiabilidade que utiliza abordagens estatísticas para determinar o plano de manutenção (Adjaye, 1994), enquanto a monitorização do estado é um método de extração de informações do equipamento que permite ao engenheiro de manutenção indicar o seu estado em termos quantitativos. Quando é aplicado eficazmente, este sistema de manutenção pode identificar a maioria dos factores que limitam a eficácia e a eficiência de toda a fábrica. O resultado de um programa de manutenção preditiva são dados que devem ser efetivamente utilizados para obter os seus benefícios (Zhou et *al.*, 2006; Mobley, 2008d).

Manutenção de melhorias

Trata-se de um sistema de manutenção que tem por objetivo reduzir ou eliminar totalmente a necessidade de manutenção. Uma classificação importante deste tipo de manutenção é a conceção. Com este tipo de sistema de manutenção, o equipamento é concebido de forma a necessitar do mínimo de manutenção possível, uma vez que a reparação ou substituição a longo prazo pode ser muito dispendiosa (Gopalakrishnan e Banerji, 2004; Mobley, 2008a).

Manutenção de contratos

Atualmente, verifica-se uma tendência para a externalização do serviço de manutenção. Tal deve-se à necessidade de uma maior especialização em aspectos técnicos, ou à estratégia da empresa de se concentrar em áreas-chave do negócio (Santiago, 2010; Telang e Telang, 2010). Relativamente a este tipo de estratégia, as organizações têm em consideração os seguintes aspectos aquando da elaboração dos contratos, de forma a garantir a prestação de serviços de qualidade aceitável (Santiago, 2010):

- o caderno de encargos do serviço

- as qualificações dos fornecedores e os seus níveis de qualidade

- os tipos de contratos e, naturalmente, os critérios de controlo

- aprovação e aceitação do serviço prestado

Algumas das situações que geram a necessidade de empreiteiros são as seguintes

- quando não for financeiramente viável criar um serviço de manutenção com as infra-estruturas e o pessoal que lhe estão associados
- em que são necessárias autorizações/licenças especiais antes de se poder efetuar a manutenção. Por exemplo, em caso de incêndio, utilização de explosivos e instalações eléctricas de alta tensão
- quando a empresa não tem acesso a peças sobressalentes, mesmo no mercado livre

As vantagens da externalização das actividades de manutenção incluem um trabalho melhor e mais rápido, a exposição a especialistas externos e uma maior flexibilidade para adotar novas tecnologias (Tsang, 2002). Outros benefícios incluem a redução do pessoal, o que leva à redução dos custos de mão de obra, o emprego de conhecimentos especializados e experientes que resultam numa manutenção eficaz e a poupança nas despesas com ferramentas, instalações e pessoal relacionados são alguns dos benefícios da implementação da manutenção contratada (Telang e Telang, 2010). A implementação deste sistema de manutenção também pode ter algumas desvantagens. Em primeiro lugar, pode verificar-se uma escalada dos custos, o que resultaria em problemas orçamentais. Mais uma vez, ocasionalmente, pode descobrir-se que o contratante é incompetente ou mesmo lento após a adjudicação do contrato. Além disso, a qualidade da atividade de manutenção pode, por vezes, ser ignorada, uma vez que o contratante não tem nada a perder depois de ter assinado o contrato. Por último, os trabalhadores contratados podem roubar tecnologia da empresa e dedicar-se a furtos.

2.6.3 Filosofias de manutenção

Os sistemas de manutenção acima descritos são os mais comuns utilizados na maioria das indústrias transformadoras (Telang e Telang, 2010). Outros sistemas comuns incluem a manutenção de rotina, a manutenção diferida, a manutenção de janela e oportunidade, etc. Coetzee (1999) afirma que, apesar da disponibilidade das práticas de manutenção planeada acima descritas, existem outras estratégias que foram adoptadas por várias empresas de produção para lhes permitir aumentar a eficiência da manutenção. Estas incluem a Manutenção Produtiva Total (TPM), a Manutenção Centrada na Fiabilidade (RCM) e os Sistemas

Informatizados de Gestão da Manutenção (CMMS), entre outras. Estas estratégias não são tarefas em si, mas são princípios ou filosofias aplicadas à estratégia de manutenção já disponível para obter a máxima eficácia (Coeztee, 1999; Bamber et al., 1999; Telang e Telang, 2010).

MANUTENÇÃO PRODUTIVA TOTAL (TPM)

Existem muitas definições de manutenção produtiva total, mas a visão comum defendida por muitos autores é que se trata de uma abordagem de toda a empresa para a manutenção de instalações ou equipamentos que envolve a participação ativa de mais do que apenas o departamento de manutenção que trabalha na manutenção e melhoria da eficácia global do equipamento (Bamber et *al*, 1999: Mobley, 2008j). O principal objetivo da implementação da manutenção produtiva total é melhorar continuamente a disponibilidade e evitar a degradação do equipamento e, assim, alcançar a máxima eficácia (Mobley, 2008j). É uma estratégia de manutenção que associa os princípios da engenharia de manutenção e da gestão da qualidade total (TQM). Os benefícios obtidos com a implementação desta estratégia de manutenção híbrida tornaram-na uma estratégia privilegiada a ser adoptada para a melhoria da qualidade da manutenção de produtos e processos (Pramod et *al*., 2006). É considerada por muitos autores como uma estratégia indispensável para as empresas de produção nos seus esforços para alcançar um estatuto de produção de classe mundial; um estatuto que as ajudará a ganhar vantagem competitiva no ambiente competitivo global cada vez maior (McKone et al., 2001; Ahuja e Khamber, 2007). Mais uma vez, facilita a redução de custos e melhora a qualidade e a entrega da manutenção (McKone et al., 2001).

Sistemas informatizados de gestão da manutenção (CMMS)

O CMMS é um software de gestão informatizado cujo principal objetivo é registar o histórico de manutenção de uma organização. Basicamente, a maioria dos CMMS desempenha a função básica de criar ordens de trabalho para cobrir as reparações e a manutenção de edifícios, instalações e equipamentos, bem como fornecer uma facilidade de agendamento para trabalhos preventivos planeados para activos passíveis de manutenção. Também podem ser personalizados para recolher detalhes de custos de mão de obra e materiais relacionados com o trabalho efectuado. (Burton, 2001)

De acordo com Nyman e Levitt (2009), também apoia e promove o seguinte:

- eficiência dos recursos de manutenção (horistas e assalariados), reduzindo assim o custo unitário
- melhoria da capacidade de resposta e do serviço prestado aos clientes internos
- melhoria da fiabilidade dos activos, garantia de capacidade e tempo de funcionamento do equipamento
- melhor desempenho na entrega e qualidade dos produtos aos clientes externos
- custos unitários mais baixos e maior rendibilidade

Estes sistemas são agora uma parte necessária da gestão e controlo dos activos, da manutenção das instalações e do equipamento nas indústrias modernas de produção, instalações e serviços (Burton, 2001). O CMMS tem a vantagem de ser um sistema que pode servir de plataforma para a implementação bem sucedida da Manutenção Produtiva Total, da Manutenção Centrada na Fiabilidade e de outros sistemas de manutenção importantes para uma manutenção eficaz e a realização dos objectivos organizacionais (Olszewski, 2008; Crain, 2003).

Manutenção preventiva centrada na fiabilidade

Este sistema de manutenção é um processo que é sistematicamente utilizado para identificar todas as funções e falhas funcionais dos activos. O processo também identifica todas as causas prováveis dessas falhas e, em seguida, procede à identificação dos efeitos desses modos de falha prováveis e à identificação da forma como esses efeitos afectam a fábrica. Os dados recolhidos são então analisados para determinar a tarefa de manutenção mais adequada a aplicar (Wikoff, 2008; Mobley, 2008e).

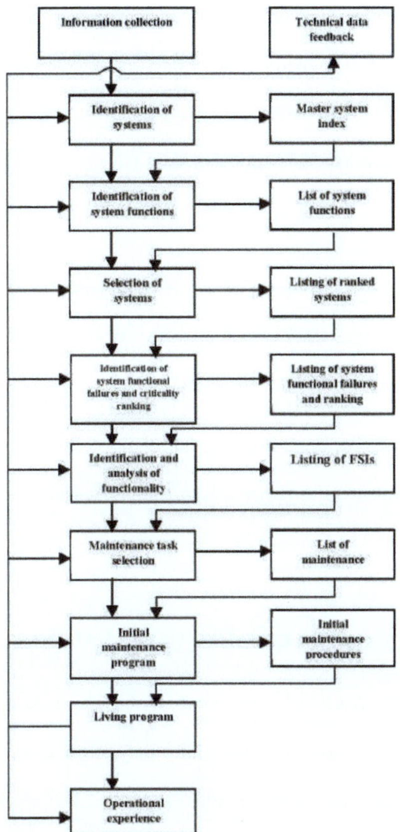

2.6.4 Ferramentas para a resolução de problemas de manutenção

Ao contrário de outras actividades industriais, a manutenção é uma atividade de resolução de problemas que inclui a resolução do que já ocorreu, a previsão do que pode ocorrer e a tomada de medidas adequadas para o contrariar, bem como para reduzir os seus efeitos. Normalmente, as falhas que conduzem a avarias são de natureza estatística e, para as resolver, são utilizadas ferramentas modernas como a análise da árvore de falhas e a análise dos modos e efeitos de falha. Estas ferramentas analisam os dados recolhidos e utilizam a informação do processo para resolver ou prevenir o problema (Telang e Telang, 2010).

Análise da árvore de falhas (FTA)

A análise da árvore de falhas é um método que identifica todas as causas possíveis de um determinado modo de falha do sistema. Considera a falha de componentes do sistema actuando isoladamente ou em combinação e fornece uma base para calcular a possibilidade de ocorrência. Esta ferramenta tem as vantagens de identificar as causas mais prováveis de falhas ou avarias sem recorrer a tentativas e erros, fornecendo um meio de análise qualitativa e quantitativa da fiabilidade e facilitando a melhoria dos projectos subsequentes de equipamentos.

Análise dos Modos de Falha e Efeitos (FMEA)

Esta ferramenta, tal como a análise da árvore de falhas, estuda e identifica os modos de falha e procede ao estudo e compreensão dos efeitos que a falha pode provocar. Facilita muito bem a implementação de um sistema de manutenção centrado na fiabilidade.

Enquanto a FTA é efectuada sobre sistemas completos, a FMEA é feita com um detalhe relativamente maior sobre peças ou subconjuntos. Ambas as ferramentas são complementares entre si. Normalmente, a análise combinada da FMEA, seguida da FTA, é mais eficaz.

2.7 EQUIPAMENTOS E TÉCNICAS DE ENSAIO E DIAGNÓSTICO DE MANUTENÇÃO

A fim de efetuar uma manutenção eficaz e eficiente, foram concebidas instalações de ensaios não destrutivos para a medição exacta das caraterísticas dos componentes do equipamento e do próprio equipamento. Os ensaios não afectam funcional ou fisicamente os componentes ou o equipamento. Há uma infinidade de dispositivos e técnicas de ensaio que se estão a desenvolver a um ritmo muito rápido em todo o mundo e que estão a ser progressivamente disponibilizados a nível nacional. As organizações estão a adotar progressivamente a sua utilização e a aplicá-las nas práticas e sistemas de manutenção preditiva. Segue-se uma breve descrição de algumas das técnicas (Gopalakrishnan e Banerji, 2004).

2.7. 1Técnicas de manutenção

As operações de manutenção requerem a aplicação de técnicas adequadas para aumentar a sua eficiência. Algumas das técnicas utilizadas atualmente na indústria incluem a deteção de partículas magnéticas, os ensaios por correntes de Foucault e a radiografia, entre outras. A análise que se segue descreve sucintamente a aplicação de algumas delas.

Deteção de partículas magnéticas

Esta técnica é utilizada para localizar descontinuidades sub-superficiais e superficiais em materiais ferromagnéticos. Para aplicar esta técnica, uma peça de teste é magnetizada e partículas ferromagnéticas finamente divididas são polvilhadas sobre ela. As partículas facilitam a identificação de fissuras superficiais e porosidade.

Ensaios de correntes parasitas

Este método é utilizado para medir a condutividade eléctrica, a permeabilidade magnética, o tamanho do grão, o estado do tratamento térmico e a dureza. As correntes de Foucault detectam costuras, fissuras, vazios e separam composições metálicas diferentes.

Radiografia

Esta técnica utiliza o facto de que, quando um corpo é exposto à radiação, apresenta variações nas quantidades de radiação absorvida e não absorvida devido à variação da sua densidade e espessura. A radiação não absorvida, que atravessa o corpo, pode então ser registada em película ou papel fotossensível e visualizada através de um visor radiográfico para localizar defeitos.

Ensaio de emissões acústicas

Esta é definida como uma onda de tensão de alta frequência gerada pela libertação rápida de energia de deformação que ocorre num material durante o desenvolvimento de fissuras ou deformação plástica. Este método é capaz de detetar o mais ínfimo dos defeitos crescentes. É referido que nenhum outro método consegue igualar esta capacidade (Gopalakrishnan e Banerji, 2004).

Procedimento de análise espectrométrica de óleo (SOAP)

Trata-se de uma técnica utilizada para controlar o estado das máquinas através da análise da concentração de elementos metálicos presentes nas amostras de óleo usado recolhidas e analisadas a intervalos regulares com a ajuda de um espetrómetro. Com este método, os seus analistas podem detetar o desgaste e diagnosticar problemas em qualquer parte da máquina a partir da concentração habitual de metal na amostra de óleo recolhida, sem terem de a desmontar. Este método ajuda a aumentar a disponibilidade do equipamento, evitando trabalhos de manutenção desnecessários, e também facilita a redução dos custos do óleo.

Outras técnicas utilizadas que merecem ser mencionadas são a metalografia in situ, a monitorização de tensões, a monitorização de vibrações, a holografia, os ensaios térmicos e de fugas, os ensaios de dureza, de fluência e de faíscas.

2.7.2 Equipamento de teste e diagnóstico de manutenção

Estas técnicas requerem a utilização de equipamento especializado para permitir a deteção eficaz de defeitos e falhas no componente ou no equipamento como um todo. Há um grande número delas, mas uma breve descrição e pormenores funcionais específicos de algumas são apresentados a seguir (Gopalakrishnan e Banerji, 2004; Mobley, 2008f,g,h,i).

Aparelho de medição da dureza por ultra-sons

Este instrumento é utilizado para ler a dureza de superfícies em Rockwell C, de rolamentos e veios, entre outros. Trata-se de uma sonda leve que tem de ser encostada a uma superfície para efetuar uma leitura. A leitura pode ser efectuada efetivamente em 2 a 3 segundos.

Aparelho de ensaio de correntes parasitas

Trata-se de um instrumento com uma sonda pontiaguda que detecta pequenas descontinuidades na superfície metálica ou por baixo dela, sem contacto, enquanto a máquina ou o componente está a ser examinado.

Sensor de fluxo de calor de termopilha

Trata-se de um aparelho que pode ser ligado a qualquer voltímetro de tubo de vácuo e calibrado para ler o grau de perda de calor devido ao isolamento ou para verificar a eficiência das diferentes áreas de uma superfície de transferência de calor.

Termómetro de bolso com termistor

Este aparelho tem a forma de um relógio de bolso com bateria e sondas e fornece uma leitura da temperatura em poucos minutos.

2.9 PESSOAL DE MANUTENÇÃO

Para além do equipamento de manutenção, o pessoal continua a ser um recurso importante para as actividades de manutenção e para a gestão, uma vez que a manutenção, apesar da evolução tecnológica, continua a ser uma função empresarial com grande intensidade de pessoal. (Pintelon e Van Puyvelde, 2006)

O pessoal de manutenção é normalmente composto por operadores, especialistas ou técnicos de manutenção, supervisores, capatazes, um controlador de manutenção e um responsável pelos registos. Todo este pessoal responde perante o diretor de manutenção, que pode ser um membro reconhecido da direção ou, quando essa posição não é reconhecida, responde perante a direção.

Os trabalhadores da manutenção são geralmente especializados numa das seguintes disciplinas técnicas: mecânica, eletrónica, instrumentação ou automação (Pintelon e Van Puyvelde, 2006). Devido à rápida evolução do equipamento utilizado para a produção, é essencial que, sempre que se adquirem novos equipamentos, o pessoal de manutenção e de operação receba formação para os dotar das competências de manutenção adequadas.

2.8.1 O responsável pela manutenção

Na função de manutenção, a figura central é geralmente o responsável pela manutenção. O diretor de manutenção é conhecido por muitos títulos, embora a função seja a mesma. Alguns dos títulos incluem gestor de engenharia, gestor de manutenção, engenheiro-chefe, gestor de instalações, superintendente de manutenção, engenheiro de obras, engenheiro de instalações, entre outros. As actividades e a gestão da manutenção evoluíram, tal como o trabalho dos gestores de manutenção. Os gestores de manutenção têm atualmente mais responsabilidades comerciais e contabilísticas do que alguma vez tiveram. São igualmente responsáveis pelos aspectos operacionais, tácticos e estratégicos da gestão da manutenção da empresa. Além disso, são também consultados sobre as decisões estratégicas que incluem a compra de novas instalações, as políticas de conceção, etc. (Pintelon e Van Puyvelde, 2006).

2.8. 2Operadores

Os operadores deixaram de desempenhar funções que os obrigavam apenas a manobrar o equipamento. Hoje em dia, são totalmente responsáveis pelo equipamento que manuseiam e participam no desenvolvimento de tarefas de manutenção como a limpeza, a inspeção e a lubrificação, entre outras. Participam também na definição da modificação e da reconcepção das máquinas. Além disso, facilitam a formulação de planos de manutenção. (Santiago, 2010)

2.8.   3Técnicos

São responsáveis pelas seguintes tarefas de manutenção: manutenção dos equipamentos e das instalações do seu sector, atendimento de emergências que possam ocorrer e diagnóstico de problemas, bem como apoio aos operadores. São tecnicamente polifuncionais e têm um sentimento de pertença à equipa de operações; têm um acesso mais próximo ao sentimento do processo (Santiago, 2010).

2.9 OFICINAS

É essencial que todas as organizações que efectuam manutenção reservem uma área, normalmente conhecida como oficina. Pode tratar-se de um local onde as máquinas e equipamentos são reparados ou testados. Os principais clientes da oficina são o responsável pela manutenção, o engenheiro-chefe, que se ocupa do fabrico de bens de equipamento e de projectos e, por último, os clientes externos à empresa. Os pedidos internos de utilização da oficina são geralmente canalizados através do diretor de manutenção ou do engenheiro-chefe, consoante o responsável. Uma oficina é importante para o departamento de manutenção pelas seguintes razões (Corder, 1976, Mishra e Pathak, 2006):

1. é um local onde a maquinagem e o fabrico de peças para reparações de manutenção de emergência podem ter lugar quando as peças necessárias não estão disponíveis nas existências do armazém. Isto facilita a redução do tempo de paragem durante as reparações de emergência.

2. é também o local para a maquinagem e o fabrico de peças para manutenção planeada, em que o equipamento tem de ser desmontado para identificação, correção, modificação e eventual substituição de componentes defeituosos.

3. É também o local onde, para algumas grandes empresas, os trabalhos de construção de capital que incluem o fabrico de máquinas de produção especializadas são concebidos pela empresa. Esta

construção tem de ser efectuada internamente, a fim de respeitar efetivamente o segredo industrial.

4. quando há menos trabalho a fazer, pode aceitar trabalho externo para gerar algum rendimento.

2.11 CUSTOS DE MANUTENÇÃO

Depois de as máquinas serem adquiridas e instaladas, a atividade que assegura a melhor utilização das máquinas é a manutenção. É difícil para os gestores de produção apreciar o(s) papel(es) que a manutenção desempenha durante a produção. Três razões podem ser atribuídas a este facto (Mishra e Pathak, 2006; Kister, 2008):

1. a máquina ou o equipamento não está a funcionar durante a manutenção

   A perda de produção é provavelmente a maior perda para uma indústria, uma vez que toda a atividade depende da produção. Por conseguinte, os gestores de produção têm dificuldade em libertar a máquina para manutenção, a menos que se verifique uma avaria. Mesmo quando se verifica uma avaria, o pessoal de manutenção é pressionado a reparar rapidamente a máquina e a colocá-la de novo na linha de produção.

2. os custos de manutenção são custos "irrecuperáveis

   O custo da manutenção é geralmente elevado em termos de peças sobresselentes dispendiosas, mão de obra qualificada e muitas outras despesas conexas. Infelizmente, porém, os benefícios da manutenção são sempre indirectos e não se fazem sentir imediatamente. Por conseguinte, os gestores de produção tendem a considerar que as despesas de manutenção não acrescentam qualquer valor ao produto ou que as despesas efectuadas durante a manutenção são desperdiçadas.

3. a manutenção da máquina é duvidosa

   Tem sido frequente observar que, logo após a revisão, a máquina apresenta falhas e avarias. Este fenómeno é conhecido como problema induzido pela manutenção. Embora, estatisticamente, estas situações sejam menos numerosas, algumas destas ocasiões são suficientes para pôr em causa a capacidade de manutenção da máquina e a competência do pessoal de manutenção.

Custo de manutenção e seus elementos

Os custos de manutenção podem ser divididos em duas categorias: custos diretos e indirectos.

2.10.   1Custos diretos

Os custos diretos incluem todas as despesas diretamente incorridas para manutenção e que são visíveis. Os elementos que compõem os custos diretos incluem

a.   Custo do material

Esta rubrica inclui o custo das peças sobressalentes e dos consumíveis utilizados na manutenção. As peças sobressalentes são os componentes de desgaste do equipamento que têm de ser substituídos para que o equipamento volte a estar em condições novas após a sua avaria. Os consumíveis não são componentes do equipamento, mas materiais essenciais, como lubrificantes e fluidos hidráulicos para manutenção. Outros incluem vedantes de óleo, parafusos e porcas, e rolamentos.

b.   Custo da mão de obra

Inclui os salários e vencimentos dos trabalhadores, supervisores e gestores.

c.   Despesas diretas

Inclui várias rubricas, consoante o tipo de indústrias e de máquinas. Exemplos destas despesas são o custo dos serviços de utilidade pública (vapor, eletricidade, ar comprimido, água, etc.), o pagamento de actividades de manutenção subcontratadas e as despesas gerais diretas (serviços centralizados e custos de manutenção de existências)

2.10.   2Custos indirectos

Trata-se de custos que podem ser imputados à manutenção. Podem não ter sido incorridos pelo pessoal de manutenção, mas a regra geral é que, se a responsabilidade direta ou indireta puder ser atribuída ao pessoal de manutenção, trata-se de um custo indireto de manutenção. Algumas destas situações de incorrência de custos são analisadas a seguir:

i.   Custo do tempo de inatividade

O tempo de inatividade provoca uma enorme perda de volume, que é diretamente a perda de contribuição, por exemplo, o vapor necessário para ser continuamente fornecido. Mais uma vez, o adiamento da produção devido ao tempo de inatividade também provoca atrasos na entrega (logo, atrasos no rendimento), perda de quota de mercado e perda de boa vontade. Estes custos podem ser imputados à manutenção.

ii)   Custo da má execução do trabalho

A falta de qualidade na manutenção reflecte-se diretamente na qualidade, no custo e na segurança do produto. Por exemplo, ajustamentos incorrectos, calibrações e alinhamentos errados podem causar a degradação da qualidade do produto. Estas situações podem ainda levar a uma diminuição da taxa de produção e a um aumento do consumo de energia ou de alguns consumíveis, aumentando assim o custo da manutenção.

iii.   custo de manutenção excessiva

A "manutenção excessiva" ocorre quando são realizadas mais acções de manutenção do que as necessárias. Estas acções reduzem a disponibilidade do equipamento devido a períodos de paragem mais longos e a custos diretos mais elevados. Em segundo lugar, pode aumentar o risco de falha induzida pela manutenção e, por conseguinte, aumentar ainda mais o custo.

iv   ) Custo de saída de existências de peças sobressalentes

O custo de manter um inventário é visível, pelo que é tratado como um custo direto. No entanto, se as peças sobressalentes adequadas e corretas não estiverem disponíveis no momento certo, o equipamento pode permanecer inativo por um período mais longo, aumentando o custo do tempo de inatividade. Isto faz com que o custo de não ter peças sobressalentes seja superior ao custo de manutenção de existências. Assim, os custos devidos a perdas de oportunidade causadas pela manutenção ou por uma ação de manutenção que provoque mais custos futuros são custos indirectos da manutenção.

Outros custos para a entidade patronal incluem o tempo de inatividade do equipamento, os custos de reparação e/ou substituição, por vezes, os custos de recrutamento e formação e a desmotivação dos trabalhadores, que conduz à perda de produção (Gopalakrishnan e Banerji, 2004).

2.11 Gestão da saúde e da segurança

A gestão da segurança consiste na identificação e implementação de acções destinadas a controlar as ameaças de danos. A gestão da segurança promove dois conceitos principais: o de local seguro e o de pessoa segura. O conceito de local seguro visa obrigar o gestor a garantir que os elementos materiais do trabalho (equipamento, máquinas, ambiente de trabalho, etc.) são seguros e não apresentam riscos de lesões, tendo em conta as normas de segurança aceitáveis. O conceito de pessoa segura incentiva o implementador a adotar estratégias para proteger as pessoas da exposição excessiva aos riscos, fornecendo equipamento de proteção individual (Melomey e Tetteh, 2011).

Os acidentes podem ocorrer em qualquer lugar e um sistema inexistente ou mesmo inferior de garantia da segurança conduz a acidentes inevitáveis, indesejáveis e injustificados. Existe a perceção de que os elevados níveis de automatização conduziram a um aumento correspondente dos acidentes. Os defensores desta perceção explicam que a automatização aumentou a fiabilidade das máquinas, o que conduziu a alguma negligência por parte dos operadores e do pessoal de manutenção. Este facto, por sua vez, gerou complacência que resultou em acidentes. Antes da ocorrência de um acidente, existem alguns avisos prévios. Estes avisos, quando ouvidos e tomados em consideração, podem ajudar a prevenir acidentes evitáveis. A não comunicação de incidentes para uma investigação exaustiva com o objetivo de prevenir estes acidentes pode ser extremamente dispendiosa (Gopalakrishnan e Banerji, 2004).

Os acidentes envolvem pessoas ou máquinas e resultam frequentemente em ferimentos, perdas e danos. No caso das pessoas envolvidas, para além da perda, incapacidade ou dor, o sofrimento psicológico que sentem não pode ser quantificado em termos monetários. Para o empregador, os danos, os custos médicos, jurídicos e de indemnização podem ser enormes. Outros custos em que o empregador pode incorrer incluem os custos de reparação e/ou substituição e, por vezes, os custos de recrutamento e formação, especialmente nos casos em que o trabalhador lesionado tem de ser substituído (Gopalakrishnan e Banerji, 2004).

Vários estudos mostram que existe uma estreita correlação entre a fiabilidade dos activos e a segurança dos trabalhadores de uma empresa. Por conseguinte, a gestão da segurança tornou-se um dos factores importantes da gestão industrial atual. Embora o paradigma atual faça da segurança uma responsabilidade partilhada por todos os trabalhadores, o departamento de manutenção tem uma responsabilidade direta na implementação do programa (Dabbs, 2008).

As avarias do equipamento colocam os trabalhadores em posições difíceis e, especialmente quando a estratégia de manutenção adoptada pela empresa é de natureza reactiva, o pessoal de manutenção gosta muitas vezes de tomar atalhos num esforço para pôr o equipamento a funcionar. Esta ação expõe-nos e aumenta a probabilidade de lesões (Franklin, 2008). Enquanto trabalham na manutenção, os trabalhadores estão também expostos a uma grande variedade de perigos, que podem ser físicos, biológicos e até psicossociais. Podem correr o risco de:

- Desenvolver perturbações músculo-esqueléticas devido ao trabalho em posturas incómodas e, por vezes, em condições desfavoráveis, como o calor ou o frio extremos

- Exposição ao amianto durante a manutenção de edifícios antigos ou instalações industriais
- Asfixia em espaços confinados
- Exposição aos efeitos nocivos dos agentes químicos, tais como gorduras, solventes e ácidos

- Acidentes como a queda ou o embate numa máquina ou o facto de a máquina ser ligada acidentalmente (osha.europa.eu)

A gestão da segurança é, portanto, um fator importante na gestão industrial, tanto para o empregador como para os trabalhadores. É da responsabilidade da direção garantir a existência e o cumprimento de uma política de segurança. Para garantir que a empresa beneficia plenamente das actividades de segurança, é importante que a gestão de topo inicie uma cultura de segurança e crie também um departamento de segurança interno para sustentar as actividades da cultura. É referido que a cultura de segurança é mais eficaz quando emana da hierarquia de topo e se difunde por todos dentro da organização (Gopalakrishnan e Banerji, 2004).

Tornou-se imperativo para as indústrias desenvolver sistemas de gestão da segurança e formar profissionais de segurança para prevenir e controlar acidentes, lesões, doenças e outros eventos prejudiciais causados de forma semelhante nas indústrias (Melomey e Tetteh, 2011). Atualmente, algumas das ferramentas utilizadas para desenvolver sistemas de gestão da segurança nas indústrias incluem o six sigma, ILO: 2000, ISO9000:2000, ISO 14001:2004, sendo a mais atual a BS OHSAS 18001:2007 (Williamsen, 2008; Aniagyei,

2011). Outra forma de garantir a segurança é a formação regular dos trabalhadores em práticas de segurança. Para facilitar a formação, algumas instituições utilizam simuladores. Este equipamento está a ser cada vez mais utilizado para formação básica e reciclagem. Os simuladores têm a vantagem de poderem simular diferentes tipos de crises que um trabalhador pode enfrentar ao manusear uma peça de maquinaria familiar ou complexa, retiram a vantagem da complacência e aguçam os sentidos do trabalhador, tornando-o consciente dos perigos que enfrentará no terreno (Gopalakrishnan e Banerji, 2004).

Assegurar boas práticas de gestão da segurança traz benefícios tanto para a entidade patronal como para o trabalhador. Alguns dos benefícios para a entidade patronal incluem a redução dos custos de seguro e das responsabilidades de indemnização, a prevenção da substituição de máquinas e/ou componentes dispendiosos da máquina e a melhoria do clima de trabalho na empresa, entre outros. Por outro lado, a adesão a boas práticas de segurança aumenta a confiança do trabalhador e permite-lhe desfrutar do seu trabalho, além de o proteger de lesões que poderiam destruir o seu poder de ganho e de o proteger ainda mais de perder a sua capacidade de ganho no futuro (Gopalakrishnan e Banerji, 2004).

### 2.11.1Leis	relacionadas com a segurança

Legislação internacional em matéria de segurança

Devido à importância da segurança, existem leis internacionais instituídas por organismos internacionais para reger, regulamentar e rever e atualizar periodicamente as leis em matéria de saúde e segurança em todo o mundo. A Organização Internacional do Trabalho (OIT) é um dos organismos internacionais que promovem a aplicação da saúde e da segurança nos locais de trabalho. A convenção 155 da OIT, parte ii, artigo 4.º, estabelece que "cada membro deve, à luz das condições e práticas nacionais e em consulta com as organizações mais representativas de empregadores e trabalhadores, formular, implementar e rever periodicamente uma política nacional coerente em matéria de segurança no trabalho, saúde no trabalho e ambiente de trabalho" (Adonteng, 2011).

Saúde e segurança no trabalho no Gana

Existem pelo menos nove agências governamentais apoiadas por várias leis, estabelecidas e mandatadas no país para garantir que os locais de trabalho são seguros. Entre elas, destacam-se, para efeitos do presente debate, as seguintes (Annan, 2011)

- **Divisão de Inspeção da Comissão dos Minerais**

Apoiada pelos Regulamentos Mineiros LI 665, esta organização tem a tarefa de monitorizar e controlar as actividades organizacionais de saúde e segurança na indústria mineira.

- **Agência de Proteção do Ambiente (EPA)**

Esta agência está habilitada pela Lei EPA de 1994, Lei 490, a controlar a aplicação do sistema de gestão ambiental.

- **Comissão do Trabalho do Gana**

Este organismo tem poderes decorrentes da Lei do Trabalho de 2003, Lei 651, para regular as relações laborais e o bem-estar dos trabalhadores nos locais de trabalho.

- **Departamento de Inspeção das Fábricas**

Trata-se de uma agência governamental criada pela Lei 328 de 1970 e encarregada de garantir que as lojas, escritórios e fábricas do Gana cumprem as normas de saúde e segurança no Gana.

- **Conselho de Normas do Gana**

Com base no Decreto sobre Normas de 1973, o Conselho de Normas do Gana está encarregado de estabelecer normas e inspecionar os produtos para verificar a sua conformidade com as normas estabelecidas no país.

- **Serviço Nacional de Bombeiros do Gana**

Esta agência, criada pela Lei do Serviço Nacional de Bombeiros do Gana de 1997, Lei 537, é responsável pela prevenção e gestão de incêndios indesejáveis.

A prática da gestão da segurança não se desenvolveu plenamente no Gana e limitou-se ao processamento e ao pagamento de indemnizações aos trabalhadores vítimas de acidentes (Melomey e Tetteh, 2011). Annan (2011) refere que, apesar de o Gana ser um dos 183 países membros da OIT, não conseguiu ratificar a Convenção 155 da OIT, de 1981, pelo que a nação não dispõe de uma autoridade estabelecida dedicada à saúde e segurança no trabalho a nível nacional, tal como indicado na Recomendação R164 sobre Saúde e Segurança no Trabalho, de 1981. Mais importante ainda, apesar da crescente industrialização, o país não dispõe de uma política nacional abrangente de saúde e segurança. Mais uma vez, não tem nenhum organismo regulador encarregado de desenvolver, monitorizar e regular as normas e diretrizes de saúde e segurança em todos os sectores. Pelo contrário, os requisitos legais em matéria de saúde e segurança no trabalho estão fragmentados em diferentes jurisdições.

Outro desafio que ele relata é a falta de conhecimento destas agências reguladoras e do quadro jurídico associado por parte dos trabalhadores. Daí a sua incapacidade de solicitar condições de trabalho adequadas nos seus vários locais de trabalho ou de intentar acções judiciais se os pedidos forem recusados. Estes desafios, associados à falta de financiamento para as actividades de monitorização, de funcionários qualificados, de equipamento adequado e de modos normalizados de comunicação de acidentes, enfraqueceram a capacidade da nação e das suas agências instituídas, no seu conjunto, para normalizar, monitorizar e regular de forma eficaz e eficiente as actividades de saúde e segurança nas indústrias, bem como para cumprir as normas de segurança internacionais (Melomey e Tetteh, 2011).

2.12 AVALIAÇÃO DO DESEMPENHO DA MANUTENÇÃO

O sucesso de uma organização depende da utilização eficaz da sua mão de obra e dos seus recursos. Um dos principais objectivos de uma organização é poder utilizar o potencial de cada trabalhador em benefício do indivíduo e da organização. A consideração mais essencial a este respeito é identificar os parâmetros que medem o desempenho da manutenção. Estes parâmetros são utilizados para gerar um índice de avaliação da manutenção (IEM). A informação obtida a partir da interpretação do índice é valiosa e ajuda a desenvolver uma relação entre o desempenho da manutenção e o custo de produção. Esta informação é importante para a tomada de decisões de gestão (Mishra e Pathak, 2006).

As principais vantagens da avaliação são a melhoria do desempenho da manutenção e a redução dos custos de mão de obra. Além disso, a avaliação adequada das actividades de manutenção facilita a identificação das causas de atrasos desnecessários no desempenho, que são devidamente reduzidos.

CAPÍTULO 3

3.0 METODOLOGIA

3. 1SELECÇÃO DA AMOSTRA

A informação sobre os potenciais inquiridos foi recolhida junto da Associação das Indústrias do Gana (AGI). Utilizando a compilação da AGI de membros registados para 2011, 60 empresas transformadoras foram selecionadas aleatoriamente e receberam questionários. Destas, trinta responderam positivamente. Estas empresas, localizadas principalmente em Kumasi, Accra e Tema, podem ser consideradas representativas do sector transformador do Gana.

3.2 ELABORAÇÃO E ADMINISTRAÇÃO DO QUESTIONÁRIO

Foi elaborado e utilizado um questionário para recolher informações junto das empresas transformadoras selecionadas. Foram utilizadas no questionário perguntas fechadas e abertas. As perguntas abertas destinavam-se principalmente a permitir ao investigador identificar os principais desafios enfrentados pelos inquiridos durante a implementação de alguns aspectos da manutenção. Os inquiridos eram livres de utilizar as suas próprias palavras para exprimir a sua opinião e aprofundar o assunto. As perguntas fechadas apresentavam respostas possíveis, entre as quais era pedido aos inquiridos que escolhessem. O questionário era composto por dez (10) secções. Estas secções são apresentadas no Quadro 3.1.

Quadro 3.1 Secções principais do questionário

Section	Subject Matter
A	Company information
B	Effectiveness of maintenance organization
C	Planned maintenance procedure and documentation
D	Maintenance cost
E	Maintenance incentives
F	Maintenance systems and strategy
G	Staff training
H	Infrastructure and spare parts
I	Safety management
J	Maintenance performance management

3.   3INQUÉRITO-PILOTO

Para testar a eficácia do instrumento de inquérito, foi realizado um inquérito-piloto em 3 empresas transformadoras da região de Ashanti. O questionário foi aplicado pessoalmente. Este inquérito permitiu ao investigador identificar eventuais lapsos no questionário para serem corrigidos.

3.4   TRABALHO DE CAMPO   E MODO DE ANÁLISE DOS DADOS

O trabalho de campo demorou cerca de três meses a ser concluído. Os questionários utilizados para a recolha de dados foram distribuídos a empresas de produção selecionadas em Kumasi, Accra e Tema. Devido à natureza dos procedimentos operacionais em todas as empresas selecionadas, o questionário foi estruturado de forma a que os inquiridos o pudessem preencher sem ajuda. Sempre que os inquiridos necessitavam de esclarecimentos sobre uma questão, o investigador ajudava-os pessoalmente ou por telefone. No momento da recolha do questionário, o investigador aproveitou a oportunidade para interagir com a pessoa de contacto da empresa. Isto permitiu-lhe obter uma melhor compreensão das questões que estavam a ser investigadas. O questionário utilizado para o inquérito é apresentado em anexo.

Os dados recolhidos no campo foram analisados utilizando o software de análise Stata 10 e o MS Excel para gerar os resultados e os gráficos necessários.

CAPÍTULO 4

4.0 RESULTADOS

4.1 CARACTERÍSTICAS   E PERFIL DAS EMPRESAS TRANSFORMADORAS INQUIRIDAS

4.1.   1 Localização geográfica   dos inquiridos

Dos 30 inquiridos, 23,3% estavam localizados na região de Ashanti e 76,7% estavam localizados na região da Grande Acra. Por cidade, 23,3% estavam localizados em Kumasi, 26,7% em Accra e 50% em Tema.

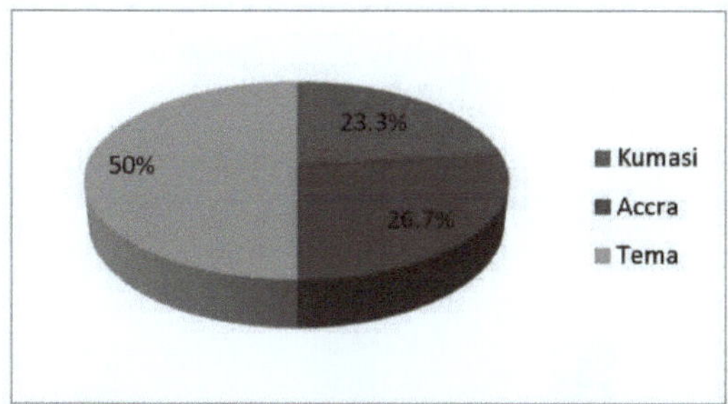

Figura 4.1 Localização   dos inquiridos por cidade

Além disso, com base na categorização do National Board for Small Scale Industries (NBSSI), como mostra a Figura 4.2, observou-se que 53,4% dos inquiridos são empresas de grande dimensão, 33,3% são empresas de média dimensão e 13,3% não deram qualquer indicação da sua dimensão. Os resultados (Figura 4.3) também mostram que, em Kumasi, 57,1% dos inquiridos são empresas de grande dimensão, enquanto 28,6% são empresas de média dimensão. Em Accra, 25% dos inquiridos são empresas de média dimensão, enquanto 62,5% são empresas de grande dimensão. Em Tema, 46,7% são empresas de grande dimensão, enquanto 40% são empresas de média dimensão.

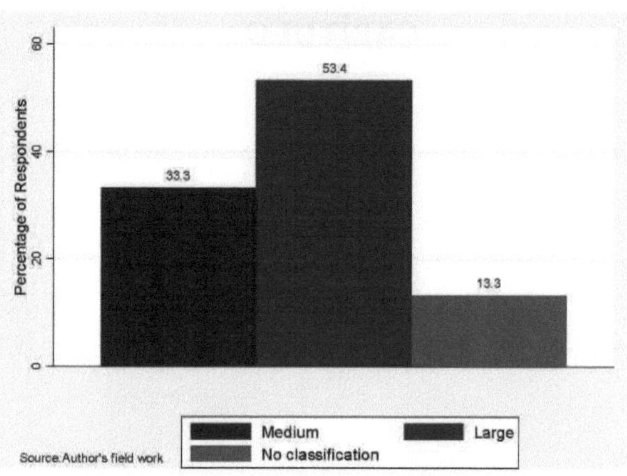

Figura 4.   2Distribuição dos inquiridos de acordo com a categorização NBSSI para as empresas no Gana

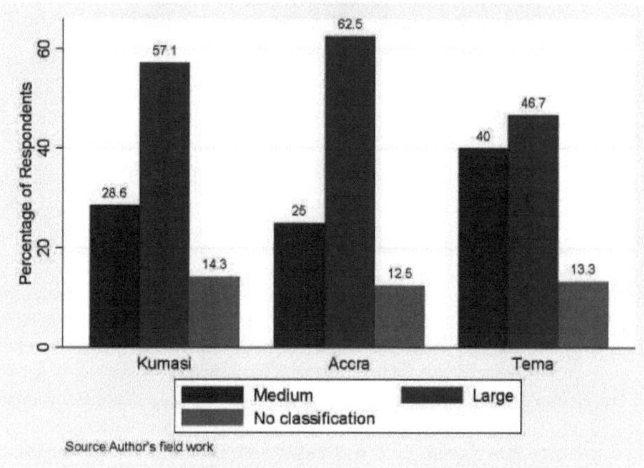

Figura 4.   3Distribuição dos inquiridos de acordo com a categorização NBSSI para empresas no Gana, por cidade

4.1.2 Setor industrial dos inquiridos

As principais subdivisões da indústria transformadora captadas no inquérito incluem a metalurgia, a transformação de alimentos e a produção de bens de consumo, produtos farmacêuticos e químicos. Outras são as embalagens de plástico, os produtos petrolíferos e de gás, os produtos de alumínio, a transformação da madeira e o cimento. Estes resultados são apresentados no quadro 4.1. Dentro dos vários sectores, a maioria das empresas, com exceção da metalurgia, são empresas de grande dimensão, como mostra a Figura 4.4.

Quadro 4.1 Setor industrial dos inquiridos

Industrial sector	Percentage of respondents
Metal working	16.7
Food processing	23.3
Consumer goods	10
Pharmaceutical goods	20
Food and Chemical	3.3
Others	26.7

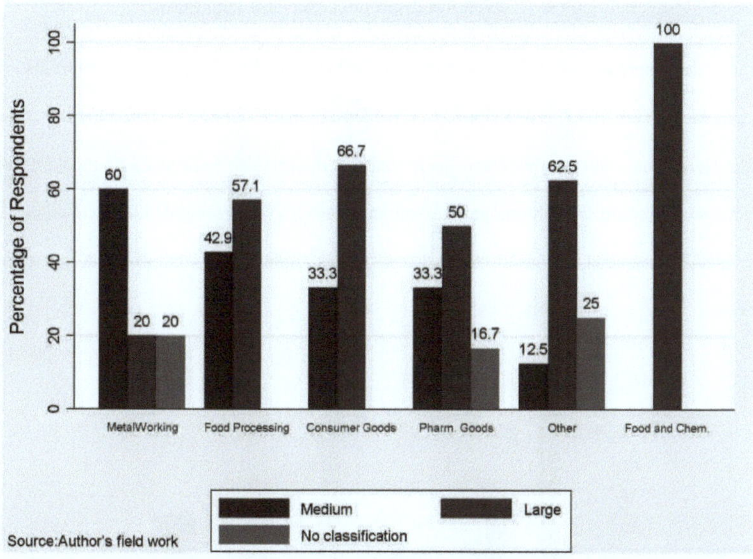

Figura 4.4 Sectores industriais dos inquiridos com base na classificação NBSSI das empresas
no Gana

4.1.3 Forma de propriedade dos inquiridos

Das empresas que responderam, 3,3% são estatais, 60% são privadas, 10% são empresas comuns ganesas-

estrangeiras, 3,3% são empresas comuns ganesas e 16,7% são sociedades anónimas. Seis vírgula sete por cento

41

são empresas privadas de responsabilidade limitada (Figura 4.5).

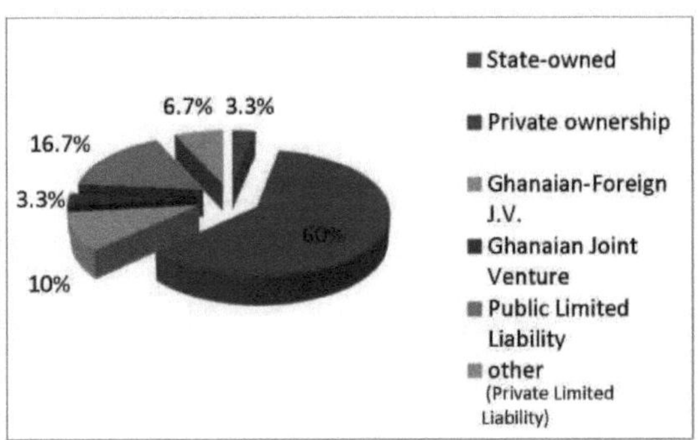

Figura 4.   5Padrões de propriedade   dos inquiridos

A categorização das empresas com base no esquema NBSSI (Figura 4.6) mostra que as empresas estatais, as joint ventures ganesas (J-V (Gh)) e as empresas de responsabilidade pública se enquadram na categoria de grande escala. No entanto, no caso das empresas privadas, a maioria das empresas é de média dimensão, ao passo que no caso das empresas comuns ganesas-estrangeiras (J-V(Gh-Foreign)) há percentagens iguais de empresas de média e pequena dimensão. A categoria "outras" representa as empresas de responsabilidade limitada privada.

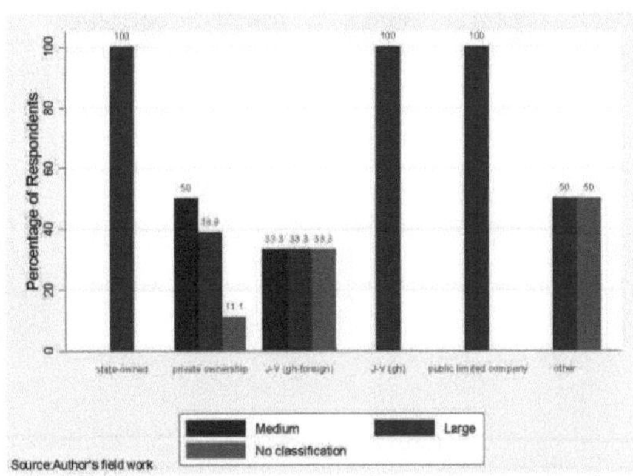

Figura 4.6Distribuição   dos inquiridos de acordo com a forma de propriedade

4.2 EFICÁCIA DA ORGANIZAÇÃO DA MANUTENÇÃO

4.2.   1Serviço de manutenção

Os resultados mostram que 83,3% dos inquiridos têm departamentos de manutenção. Observou-se também (Figura 4.7) que 52% dos inquiridos que responderam "sim" à pergunta "tem um departamento de manutenção" são empresas de grande dimensão, enquanto 32% são de média dimensão. Dezasseis por cento dos inquiridos que mantêm departamentos de manutenção não deram qualquer indicação sobre o seu estatuto.

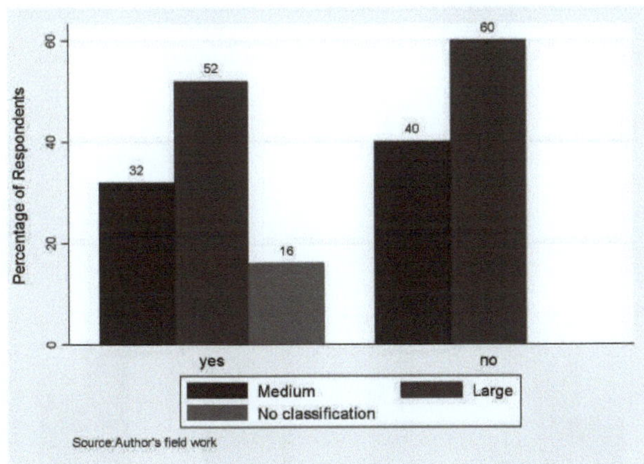

Figura 4.7 Empresas que mantêm departamentos de manutenção com base na dimensão da empresa

4.2.2Tipo   de organização da manutenção

Observa-se que 66,7% dos inquiridos utilizam uma organização de manutenção centralizada,
3,3% utilizam uma organização de manutenção descentralizada e 20% utilizam uma organização de manutenção parcialmente descentralizada. Dez por cento dos inquiridos não utilizam nenhuma das duas. Nenhuma das pessoas inquiridas utiliza uma combinação de duas ou três organizações de manutenção, respetivamente. Uma análise mais aprofundada, tal como apresentada na Figura 4.9, mostra que os inquiridos que utilizam a organização de manutenção centralizada consistem em 55% de empresas de grande dimensão e 25% de empresas de média dimensão. Os inquiridos que utilizam o sistema de manutenção descentralizado são empresas de grande dimensão. Dos que utilizam a organização de manutenção parcialmente descentralizada, 50% são empresas de grande dimensão e 50% são empresas de média dimensão.

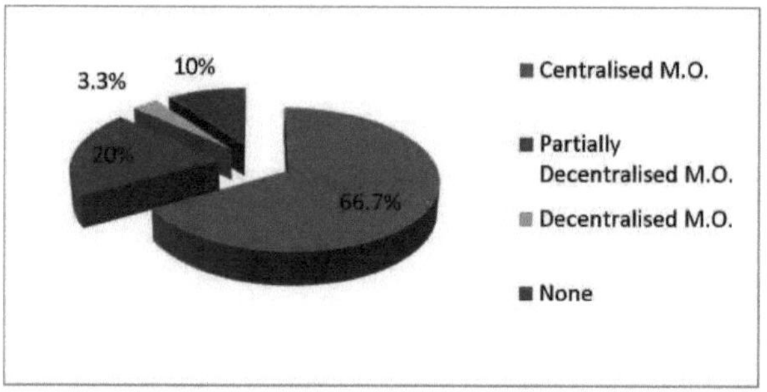

Figura 4.8 Tipo de organizações de manutenção (O.M.) empregadas pelos inquiridos

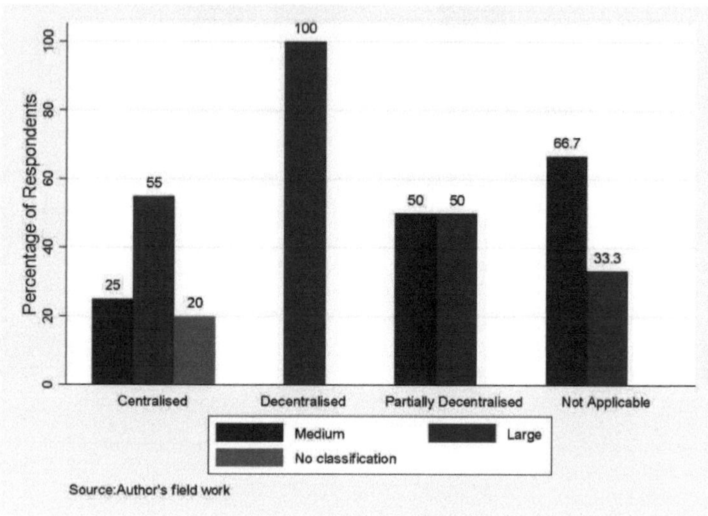

Figura 4.9 Organizações de manutenção utilizadas pelos inquiridos, por dimensão da empresa

4.2.3 Participação na escolha e aquisição de equipamento

Da análise, 90% responderam que sim, enquanto 10% responderam que não, para saber se o departamento de manutenção é consultado na seleção de equipamento novo ou de substituição. A repartição dos resultados (Figura 4.10) mostrou que 55,6% são empresas de grande dimensão, 29,6% são empresas de média dimensão e 14,8% não especificaram o seu estatuto.

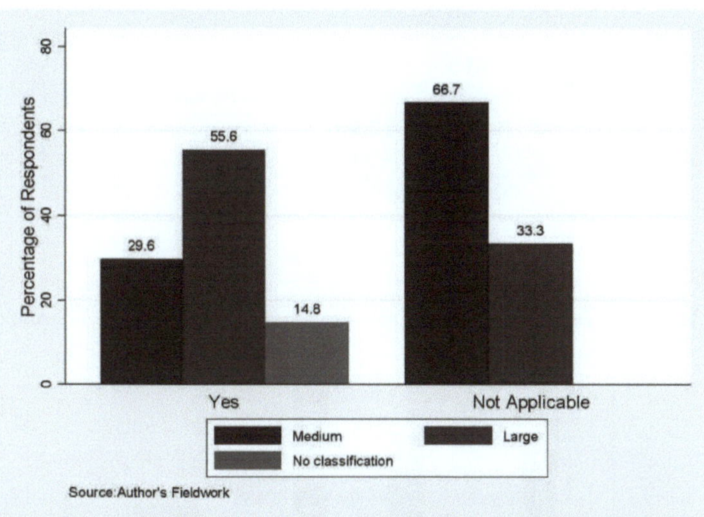

Figura 4.10 Envolvimento do departamento de manutenção nas decisões de aquisição de equipamento

4.3 PROCEDIMENTOS DE MANUTENÇÃO E DOCUMENTAÇÃO

4.3.1 Sistema de ordens de trabalho em utilização

Os principais tipos de ordens de trabalho na indústria transformadora são as ordens permanentes e as ordens de trabalho. Do número total de inquiridos, 26,7% utilizam ordens de trabalho, enquanto 50% aplicam ordens permanentes. Dezasseis vírgula sete por cento não aplicam nenhum sistema de ordens de trabalho e 6,6% utilizam ambos (Figura 4.11). As análises baseadas na categorização NBSSI mostram que, para o número total de inquiridos que utilizam ordens permanentes para as actividades de manutenção, 62,5% são empresas de grande dimensão, enquanto 12,5% são empresas de média dimensão. Dos inquiridos que utilizam o trabalho direto, 66,66% são empresas de grande dimensão, enquanto 26,7% são empresas de média dimensão. O resumo dos resultados é apresentado na Figura 4.12.

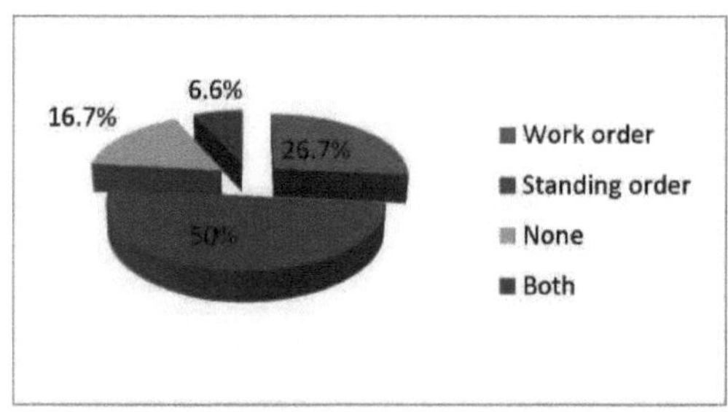

Figura 4.11 Sistemas de ordens de trabalho implementados pelos inquiridos, organizados por tipo

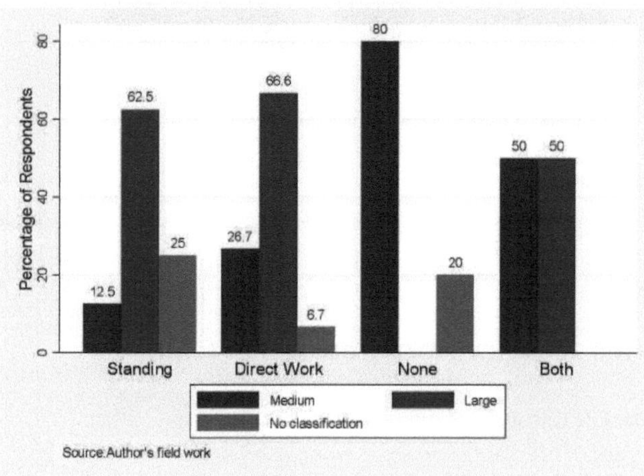

Figura 4.12 Sistema de ordens de trabalho utilizado pelos inquiridos, organizado por dimensão da empresa

1.1.2Integração   do CMMS no sistema de gestão da manutenção

Apenas 26,7% dos inquiridos integraram o CMMS na sua gestão da manutenção

enquanto 73,3% não o fazem. Do número de inquiridos que utilizam CMMS, 50% são empresas de grande dimensão, enquanto 37,5% são empresas de média dimensão.

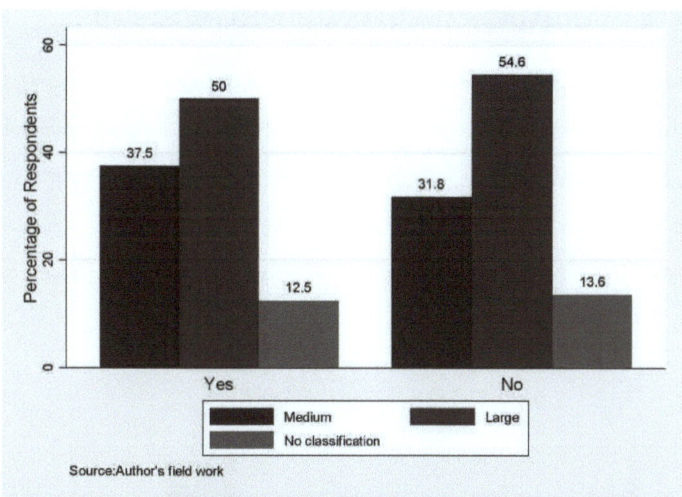

Figura 4.13 Distribuição dos inquiridos que integraram o CMMS no seu sistema de gestão da manutenção, por dimensão da empresa

1.1.3Impacto   do CMMS na documentação e no procedimento de manutenção

Todos os inquiridos (26,7%) que utilizam o CMMS afirmam que o CMMS melhorou a documentação e os procedimentos das actividades de manutenção.

4.   4CUSTO DE MANUTENÇÃO

Devido ao pesado protocolo associado à entrega de informações, a maioria das empresas recusou-se a fornecer informações sobre o seu volume de negócios anual e o montante gasto em manutenção. No entanto, forneceram informações sobre as proporções de alguns elementos importantes que constituem o seu custo de manutenção. A análise dos dados mostra que 83% dos inquiridos gastam até 45% das despesas de manutenção em mão de obra, 72,2% dos inquiridos gastam até 45% das despesas de manutenção na subcontratação de trabalhos de manutenção e reparação, 61,1% dos inquiridos gastam até 45% das despesas de manutenção em eletricidade, peças sobressalentes e outros elementos, incluindo água.

4.5   REGIMES DE INCENTIVOS   PARA O PESSOAL DE MANUTENÇÃO

Da análise dos dados, 40% dos inquiridos aplicam uma política de incentivos ao pessoal. Destes, 33,4% oferecem incentivos financeiros, 3,3% oferecem incentivos não financeiros, 3,3% oferecem ambos e 60% não oferecem nenhum. Os inquiridos que oferecem incentivos ao pessoal de manutenção referiram uma melhoria dos resultados da manutenção. Outras análises (Figuras 4.14 e 4.15) mostram que, dos inquiridos que têm uma política de incentivos, 41,7% são empresas de grande dimensão, enquanto 33,3% são empresas de média dimensão.

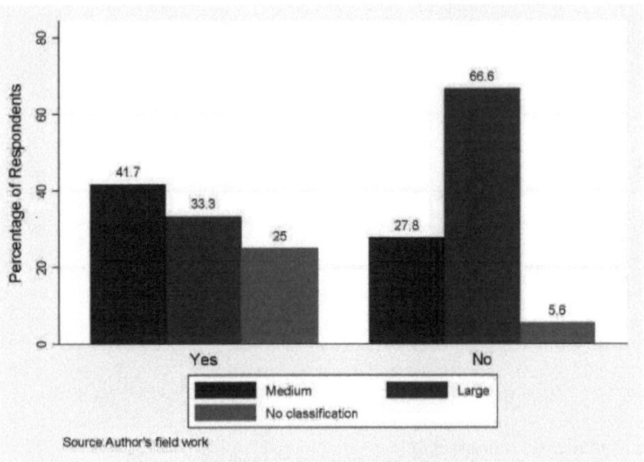

Figura 4.14 Distribuição dos inquiridos que oferecem incentivos ao pessoal de manutenção

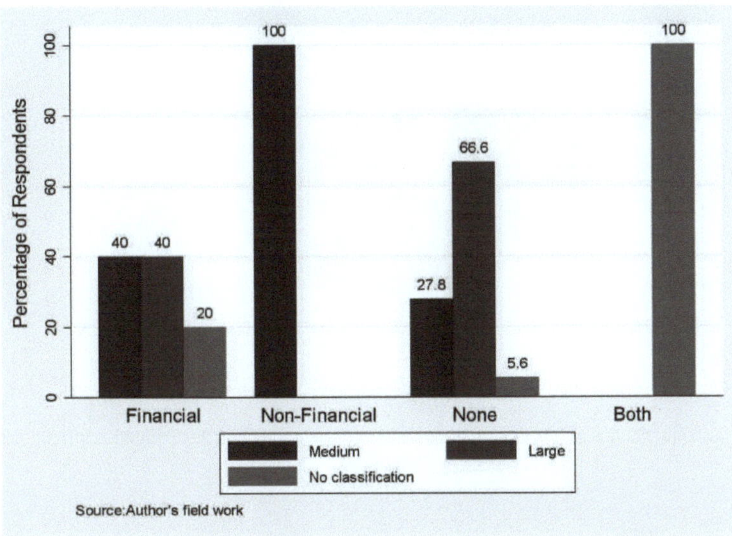

Figura 4.15 Distribuição dos inquiridos de acordo com os tipos de incentivos à manutenção

4.   6SISTEMAS E ESTRATÉGIA DE MANUTENÇÃO

4.6.1Organização   da Manutenção e Reparação in-House

Foi também pedido às empresas que indicassem a percentagem de trabalhos de manutenção e reparação efectuados internamente. A Figura 4.16 apresenta um resumo da distribuição. Verifica-se que os inquiridos que realizam 50% das actividades de manutenção internamente são todos empresas de média dimensão. Setenta por cento dos inquiridos realizam as actividades de manutenção internamente. Desta percentagem, 50% são empresas de grande dimensão, enquanto 33,3% são empresas de média dimensão. Os inquiridos que realizam todos os trabalhos de manutenção e reparação internamente são todos grandes empresas.

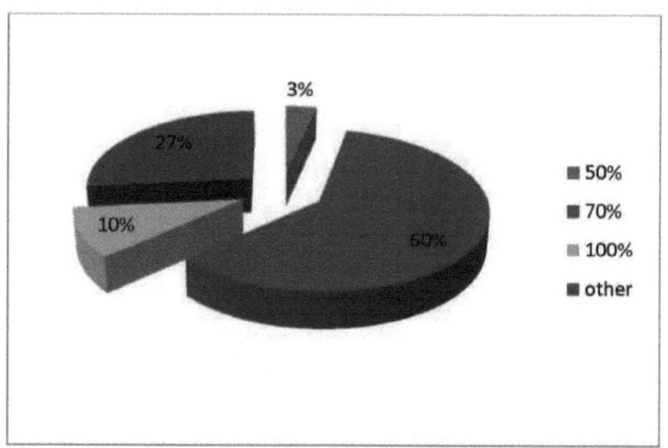

Figura 4.16 Distribuição dos níveis de trabalhos de manutenção e reparação efectuados internamente pelos inquiridos

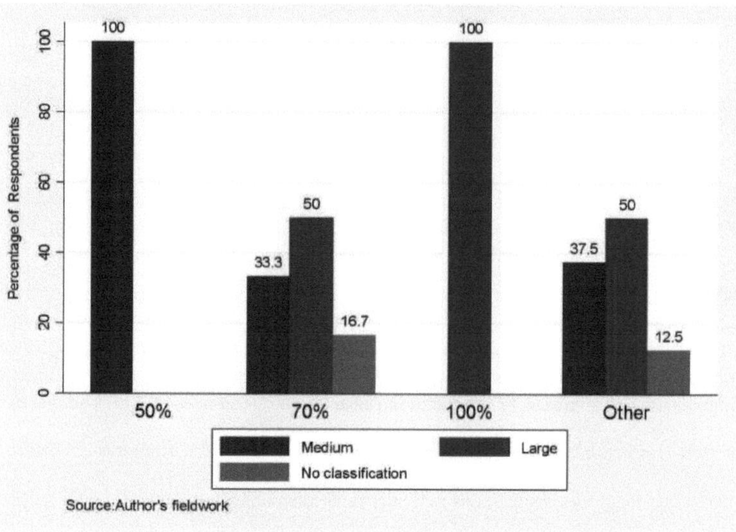

Figura 4.17 Distribuição dos níveis de operações de manutenção efectuadas internamente, por dimensão da empresa

4.6.2 Nível   de automatização dos processos de produção

A análise dos resultados dos processos de produção dos inquiridos, ilustrada na Figura 4.18, mostra que 16,7% utilizam o processamento manual da produção, 70% são semi-automatizados, 10% totalmente automatizados e 3,3% utilizam processos de produção manuais e semi-automatizados, respetivamente. Pode também verificar-se que 75% das empresas cujos processos de produção são operados manualmente são empresas de grande dimensão, enquanto 25% são empresas de média dimensão. Quarenta e cinco vírgula quatro por cento do número de inquiridos que utilizam um processo de produção semi-automatizado são empresas de grande dimensão, enquanto 36,4% são empresas de média dimensão. Do número de inquiridos que utilizam processos de produção totalmente automáticos, 66,7% são empresas de grande dimensão e 33,3% são empresas de média dimensão. O resumo dos resultados é apresentado na Figura 4.19.

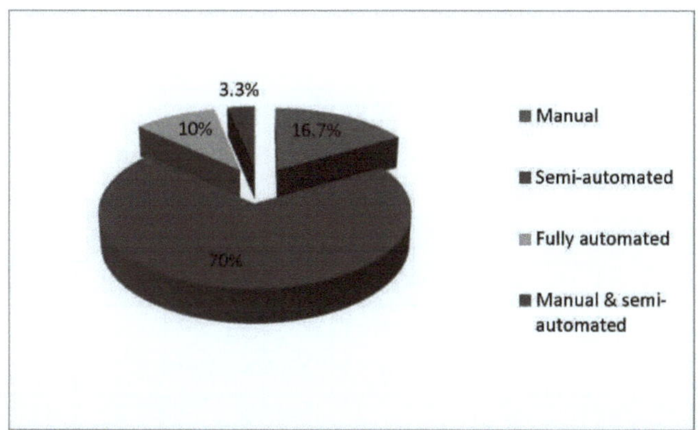

Figura 4.18 Nível de automatização dos processos de produção dos inquiridos

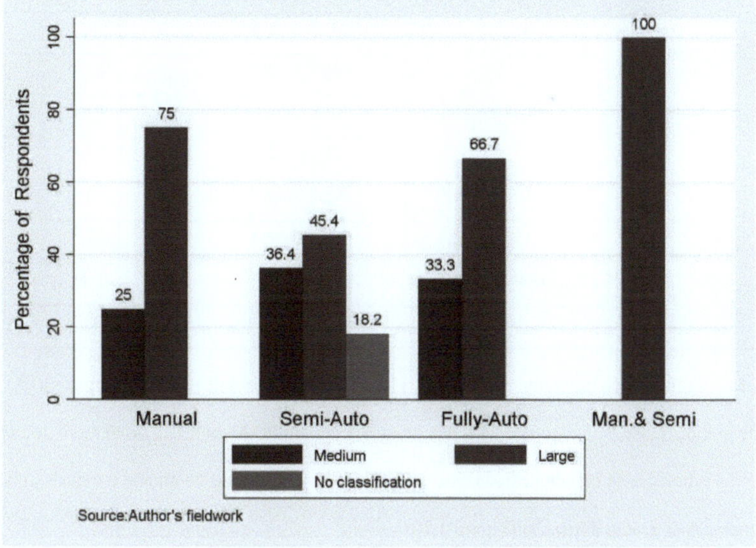

Figura 4.19 Níveis de automatização da produção com base na dimensão da empresa

4.6.   3Sistemas de manutenção   e estratégias utilizadas

Observou-se que as empresas inquiridas não utilizam uma única estratégia de manutenção para todos os equipamentos. Todas elas recorrem a uma combinação de diferentes estratégias para se adaptarem aos seus calendários de produção. Um resumo dos dados recolhidos é apresentado no Quadro 4.2.

Quadro 4.2 Sistemas e estratégias de manutenção utilizados pelas empresas

Maintenance category	Maintenance system or strategy	Sub system	Percentage of respondents
Unplanned (Run to failure)	Emergency		26.6
	Breakdown		26.6
Planned maintenance	Predictive	Statistical-based	20
		Condition-based	53.3
	Preventive	Running	36.7
		Routine	56.7
		Opportunity	46.7
		Shut down	60
	Improvement	Design out	20
		Shut down	43.3
	Corrective	Deferred	33.3
		Remedial	20
		Shut down	43.3
	Total productive		6.7
	Contract		50

Sessenta e dois vírgula cinco por cento das empresas que recorrem à manutenção de emergência são empresas de grande dimensão, enquanto 25% são de média dimensão. Além disso, do número de inquiridos que recorrem à estratégia de manutenção de emergência, 50% são empresas de grande dimensão, enquanto 50% são empresas de média dimensão (Figura 4.20).

A partir das percentagens de inquiridos obtidas para cada uma das estratégias de manutenção planeada no Quadro 4.2, foi efectuada uma análise mais aprofundada das preferências das empresas de grande e média dimensão. Os resultados são apresentados nas Figuras 4.21-4.28.

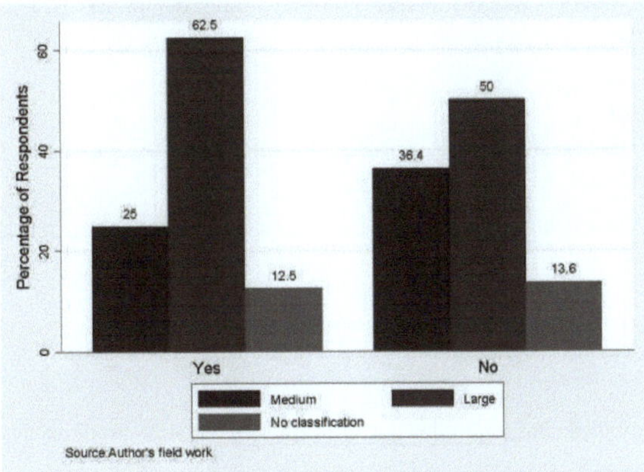

Figura 4.20.1 Distribuição dos inquiridos que recorrem à manutenção de emergência (não planeada)

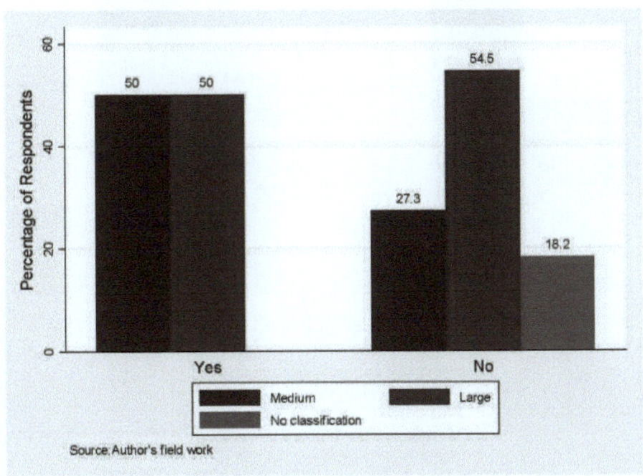

Figura 4.20.2 Distribuição dos inquiridos que utilizam a manutenção de avarias (não planeada)

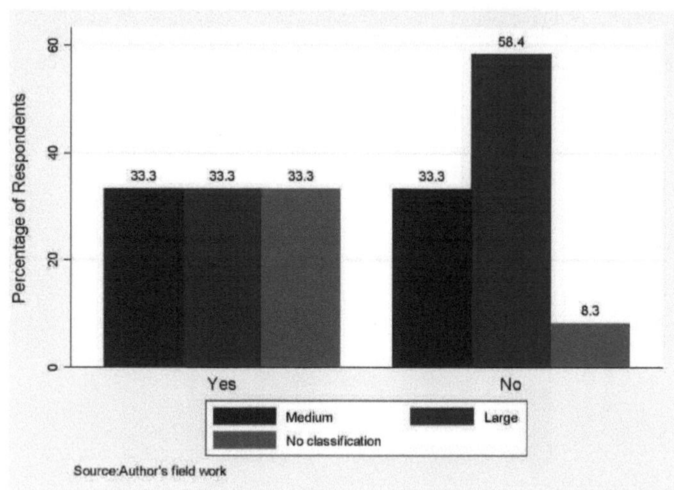

Figura 4.21.1 Distribuição dos inquiridos que utilizam a manutenção preditiva de base estatística

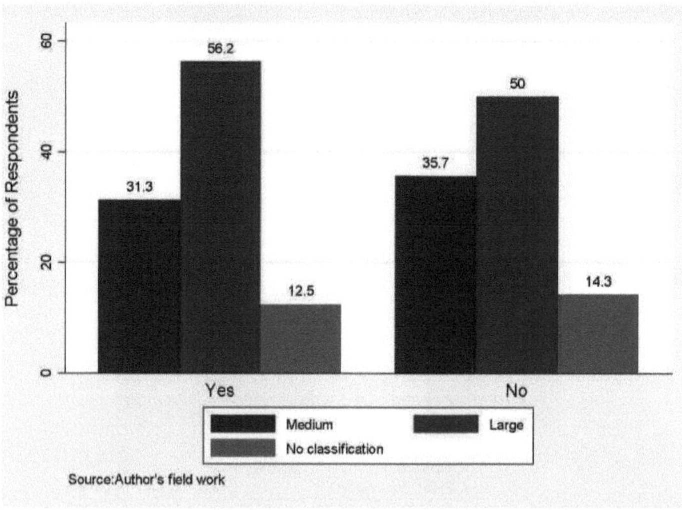

Figura 4.21.2 Distribuição dos inquiridos que utilizam a manutenção preditiva baseada na condição

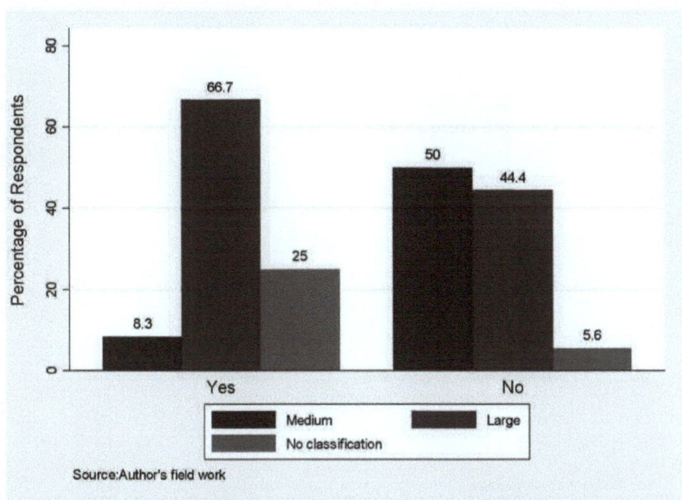

Figura 4.22.1 Distribuição dos inquiridos que utilizam a manutenção preventiva em curso

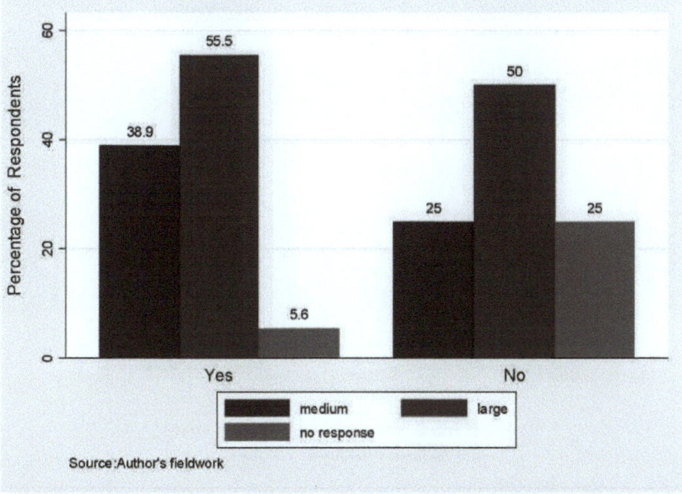

Figura 4.22.2 Distribuição dos inquiridos que efectuam manutenção preventiva de rotina

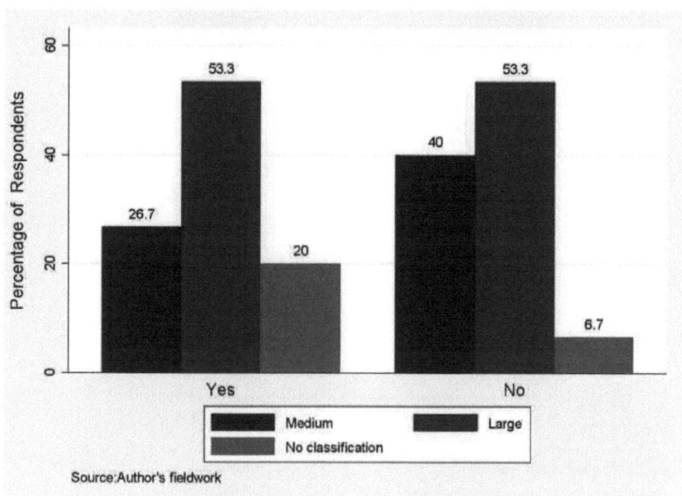

Figura 4.23.1Distribuição		dos inquiridos que utilizam a manutenção preventiva da oportunidade

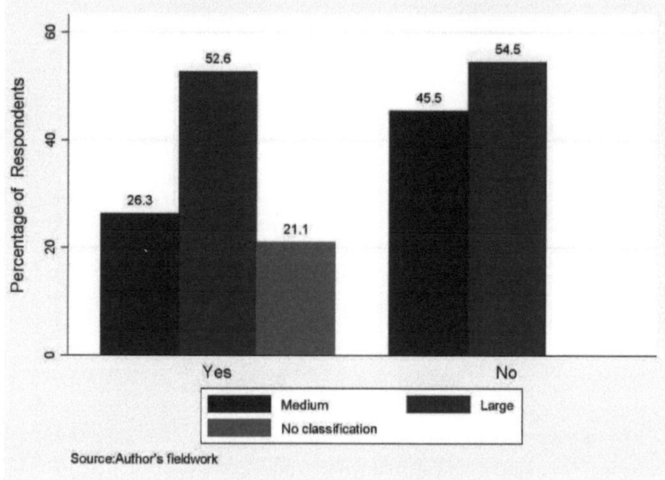

Figura 4.23.	2Distribuição dos inquiridos que utilizam a manutenção preventiva do encerramento

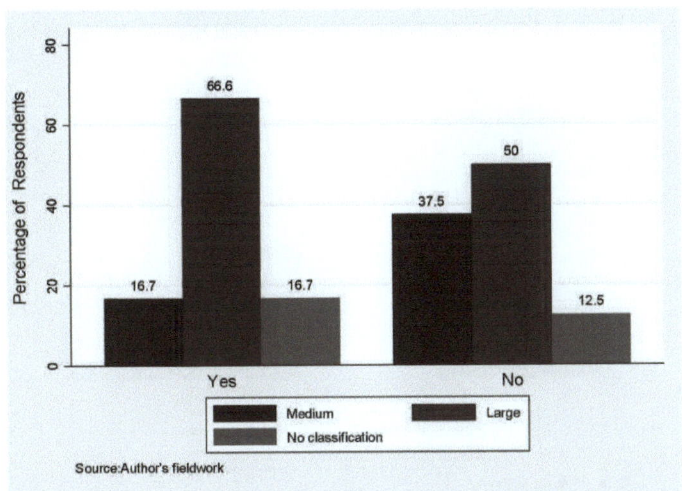

Figura 4.24.1 Distribuição dos inquiridos que empregam a manutenção da melhoria do projeto

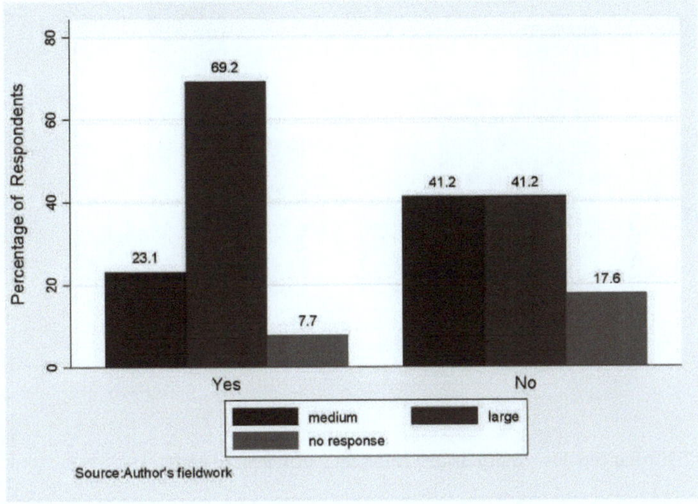

Figura 4.24.2 Distribuição dos inquiridos que utilizam a manutenção de melhoria da paragem

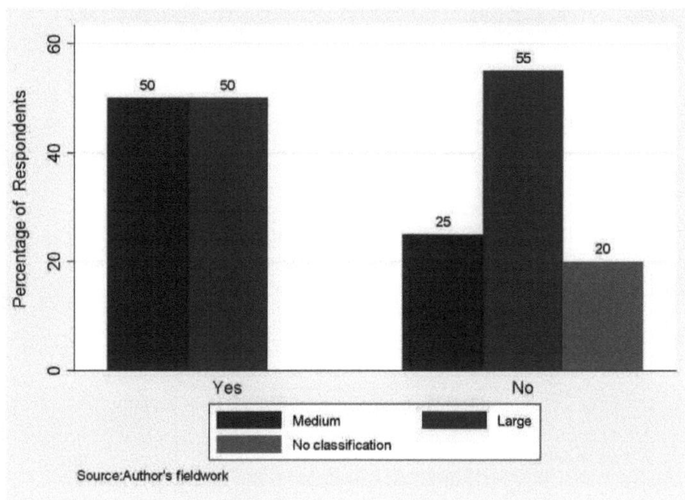

Figura 4.25.1Distribuição   dos inquiridos que utilizam a manutenção corretiva diferida

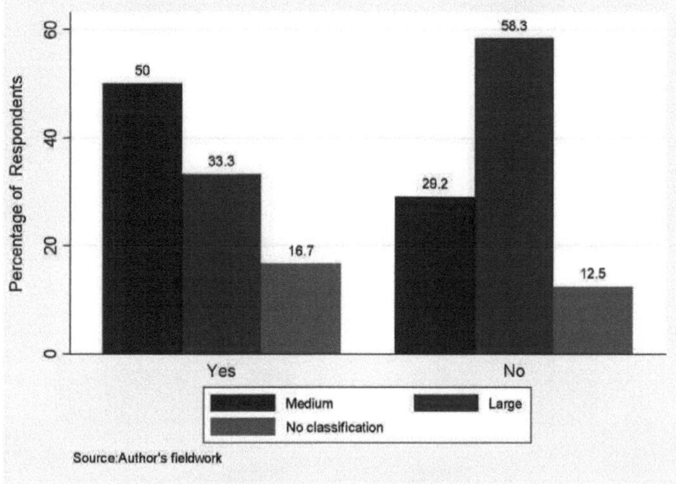

Figura 4.25.   2Distribuição dos inquiridos que recorrem à manutenção corretiva

58

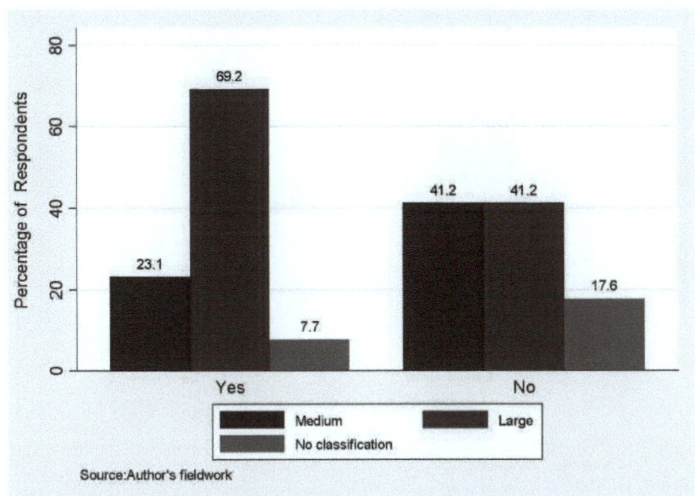

Figura 4.26 Distribuição dos inquiridos que utilizam a manutenção corretiva do encerramento

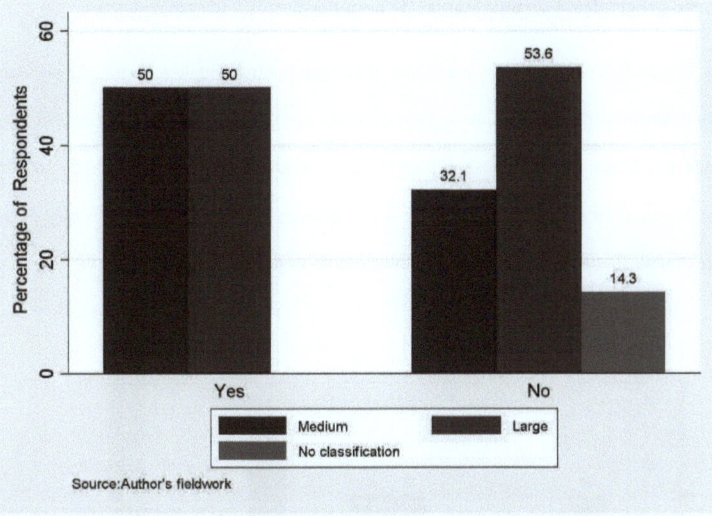

Figura 4.27 Distribuição dos inquiridos que utilizam a manutenção produtiva total (TPM)

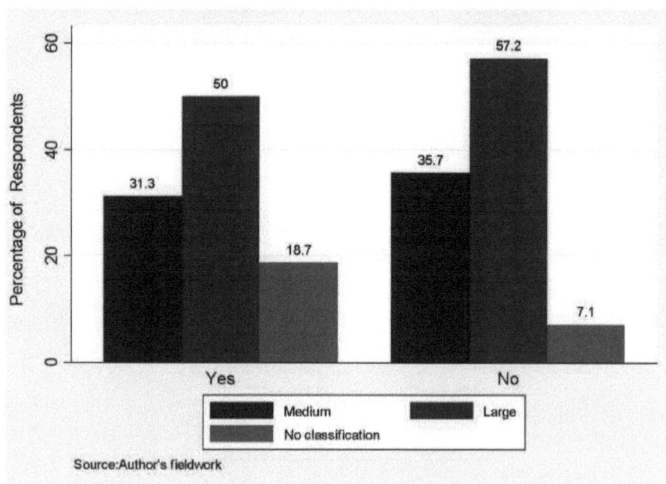

Figura 4.28 Distribuição dos inquiridos que utilizam a manutenção por contrato

4.6.2 Localização geográfica dos contratantes de manutenção

Sessenta e três vírgula três por cento dos inquiridos têm o seu contratante de manutenção no Gana, enquanto 3,3% têm o seu contratante de manutenção no estrangeiro. Vinte e três vírgula quatro por cento dos inquiridos têm contratantes de manutenção sediados tanto no Gana como no estrangeiro. Um total de 10% não recorre a contratantes. A Figura 4.29 apresenta um resumo dos resultados com base nas preferências das empresas de média e grande dimensão, de acordo com as percentagens de inquiridos mencionadas.

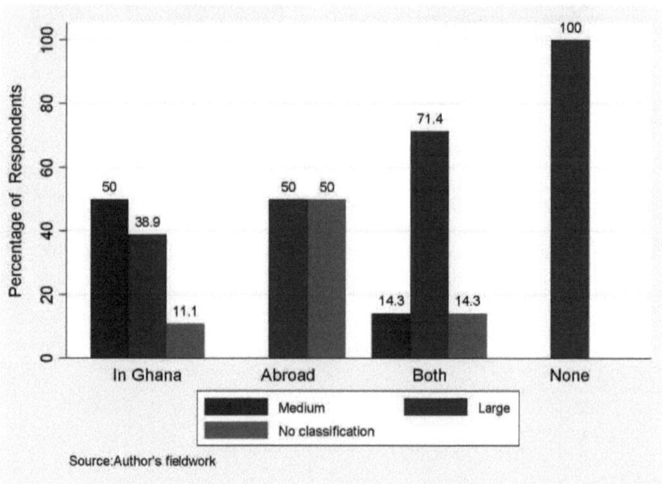

Figura 4.29 Distribuição dos inquiridos de acordo com a localização geográfica dos
prestadores de serviços de manutenção

4.6.5 Dispositivos utilizados para manutenção

Foi apresentada aos inquiridos uma lista de dispositivos modernos utilizados nas actividades de manutenção e reparação. Foi-lhes então pedido que indicassem quais os que utilizam. O quadro 4.3 apresenta os resultados obtidos.

Quadro 4.3 Dispositivos utilizados para manutenção

Device	% of respondents
Boroscope	6.7
Flexiscope	13.3
Liquid dye penetrant	26.7
Ultrasonic corona detector	3.3
Ultrasonic Hardness tester	13.3
Creep tester	10
Tension checker	16.7
Laser beam source and detector readout	10
Pistol grip static meter	3.3
Portable sonic resonance meter/tester	3.3
Eddy current tester	6.7
Pencil probe leak detector	10
Thermopile heat flow sensor	10

4.6.6 Técnicas aplicadas

Foi apresentada aos inquiridos uma lista de técnicas modernas para as actividades de manutenção e reparação, para que indicassem quais as que aplicam. O quadro 4.4 apresenta os resultados obtidos a partir da análise dos dados recolhidos.

Quadro 4.4 Técnicas de manutenção utilizadas

Technique	% of respondents
Magnetic particle detection	16.7
Radiography	13.3
Thermal testing	30
Acoustic emission testing	3.3
Holography	3.3
In situ metallography	10
Strain monitoring	6.7
Vibration monitoring	20
Spectrometric Oil Analysis Procedure (SOAP)	23.3

4.7 FORMAÇÃO E BENEFÍCIOS DO PESSOAL

No que respeita à formação, a Figura 4.30 mostra que 10% dos inquiridos dão formação ao pessoal de manutenção de seis em seis meses, 23,3% dão formação ao pessoal anualmente e 63,4% indicaram outras frequências de formação, principalmente no local de trabalho ou sempre que há instalação de novo equipamento. Três vírgula três por cento não efectuam qualquer formação.

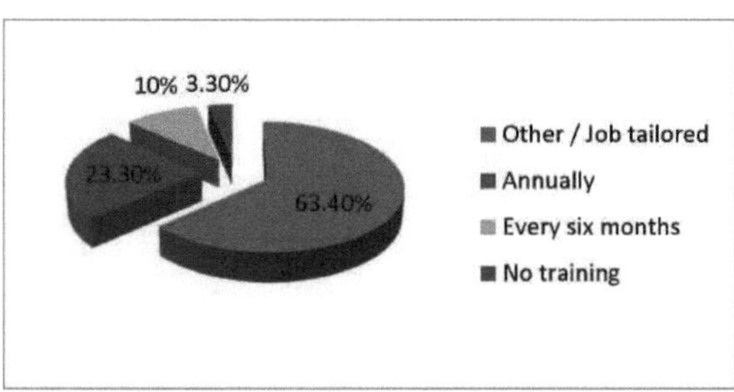

Figura 4.30 Frequência da formação do pessoal de manutenção nas empresas inquiridas

Os regimes de formação adoptados pelas empresas (Figura 4.31) mostram que 66,7% das que dão formação semestral ao seu pessoal de manutenção são empresas de grande dimensão, enquanto 33,3% são empresas de média dimensão. Das que dão formação anual ao seu pessoal, 50% são empresas de média dimensão, enquanto 25% são empresas de grande dimensão.

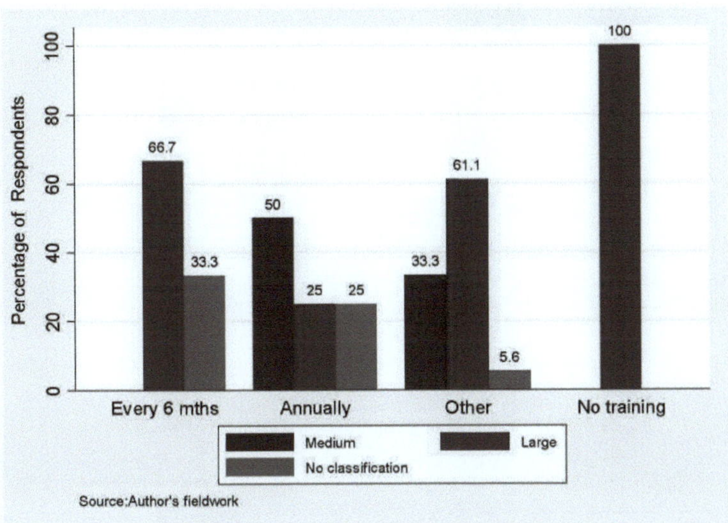

Figura 4.31 Frequência da formação do pessoal de manutenção organizada por dimensão da empresa

4.8 INFRA-ESTRUTURAS E PEÇAS SOBRESSALENTES

A partir da análise dos dados recolhidos, verifica-se que 80% dos inquiridos operam oficinas de manutenção. Desta percentagem, 56% são empresas de grande dimensão, enquanto 32% são empresas de média dimensão (Figura 4.32). Além disso, do número total de inquiridos que mantêm oficinas, 33,3% utilizam formulários de requisição como meio de regular e documentar as actividades, 45,4% dos quais são empresas de grande dimensão, enquanto 36,4% são empresas de média dimensão (Figura 4.33).

Observa-se que 93,3% dos inquiridos têm armazéns para as peças sobresselentes utilizadas pelo departamento de manutenção. 57,2% destes inquiridos são empresas de grande dimensão, enquanto 32,1% são empresas de média dimensão (Figura 4.34). Apenas 23,3% utilizam o CMMS para adquirir peças sobresselentes para a manutenção. Esta percentagem, como mostra a Figura 4.35, é constituída por 42,9% de empresas de grande e média dimensão, respetivamente.

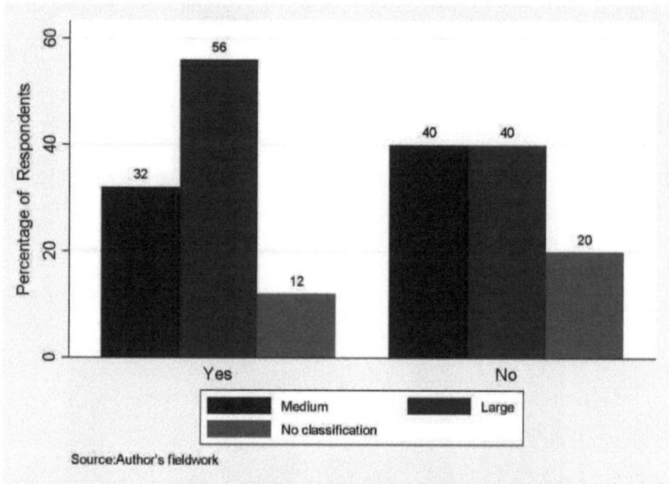

Figura 4.32 Distribuição dos inquiridos que mantêm os workshops

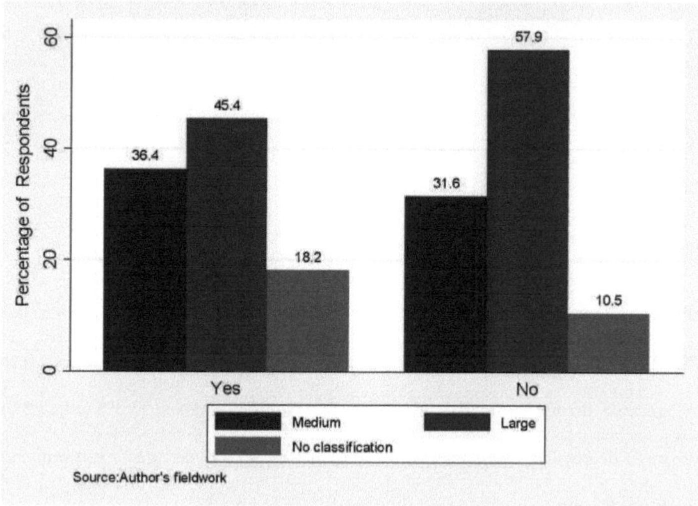

Figura 4.33 Distribuição dos inquiridos que utilizam formulários de pedido

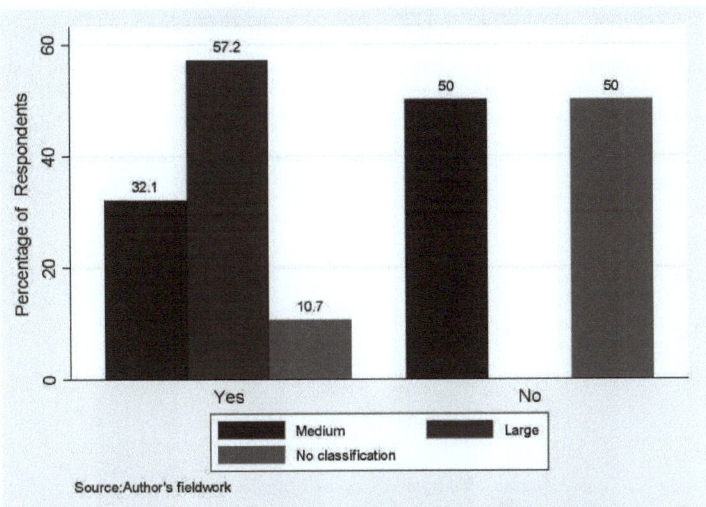

Figura 4.34 Distribuição dos inquiridos que têm lojas para actividades de manutenção

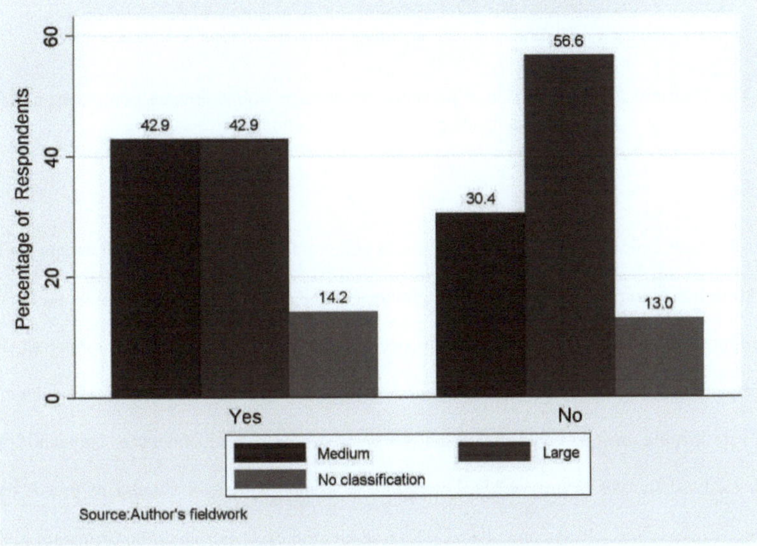

Figura 4.35 Distribuição dos inquiridos que utilizam o CMMS nas lojas para actividades de manutenção

Os inquiridos indicaram as quantidades de peças sobresselentes que adquirem no Gana. Vinte e três vírgula três por cento dos inquiridos adquirem entre 0-25%, 30% adquirem entre 2555%, 36,7% adquirem entre 55-85% e 10% adquirem entre 85-100% das suas peças sobresselentes no Gana. Um resumo destes resultados organizados por dimensão da empresa é apresentado na Figura 4.36.

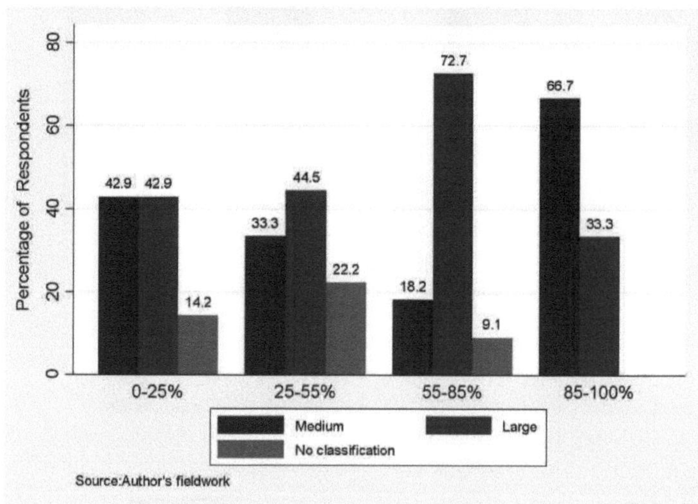

Figura 4.36 Distribuição dos inquiridos e percentagem de peças sobresselentes compradas no Gana, organizada por dimensão da empresa

Os resultados também indicam que 66,7% dos inquiridos compram as suas peças novas. Sessenta e seis vírgula sete por cento destes inquiridos são empresas de grande dimensão, enquanto 33,3% são empresas de média dimensão (Figura 4.37). Dez por cento compram peças usadas (50% dos quais são empresas de grande dimensão, enquanto 35% são empresas de média dimensão) e 23,3% compram uma combinação de ambos; cinquenta e sete vírgula um por cento dos quais são empresas de grande dimensão, enquanto 28,6% são empresas de média dimensão (Figura 4.37). Foi pedido às empresas que indicassem os prazos de entrega quando as peças necessárias são encomendadas. Dezasseis vírgula sete por cento confirmaram que demora uma semana. Para 20% dos inquiridos, demora menos de três semanas. A entrega demora um mês após a encomenda para 23,3% dos inquiridos. Quarenta por cento dos inquiridos indicaram prazos de entrega fora dos previstos.

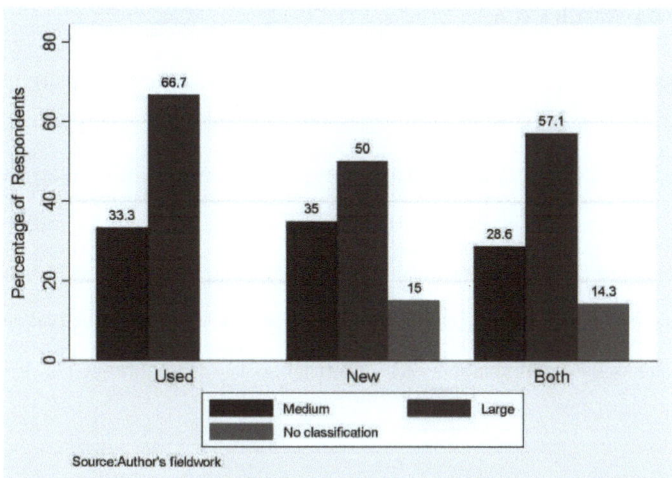

Figura 4.37 Distribuição dos inquiridos de acordo com a qualidade das peças sobresselentes adquiridas no Gana, apresentada por dimensão da empresa

Além disso, os resultados também mostram que 63,3% praticavam "canibalismo" nas oficinas durante a manutenção. Desta percentagem, 61,1% são empresas de grande dimensão, enquanto 33,3% são empresas de média dimensão (Figura 4.38).

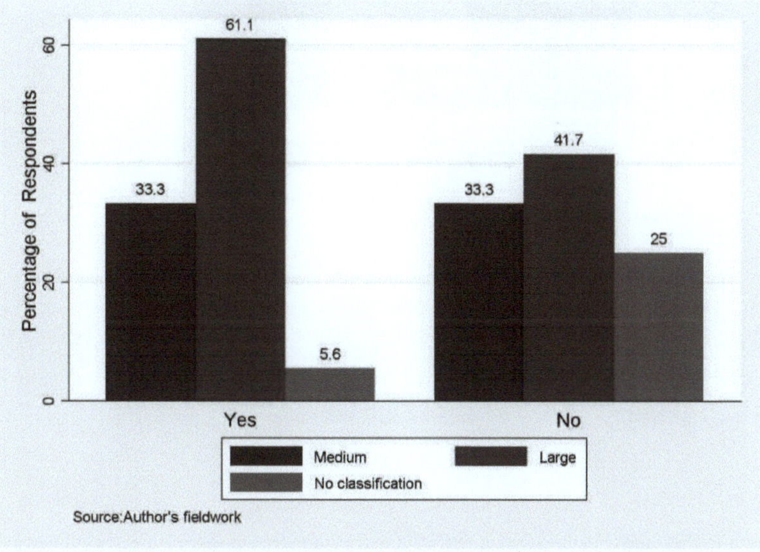

Figura 4.38 Distribuição dos inquiridos que praticam o canibalismo

4. 9GESTÃO DA SEGURANÇA

96,   7% dos inquiridos mantêm uma política de segurança. Cinquenta e cinco vírgula dois por cento destes inquiridos são empresas de grande dimensão, enquanto 31% são empresas de média dimensão (Figura 4.39). Dos que mantêm uma política de segurança, 93,4% impõem o uso permanente de vestuário e equipamento de proteção durante as operações de manutenção por parte dos trabalhadores; 53,6% dos quais são empresas de grande dimensão, enquanto 32,1% são empresas de média dimensão (Figura 4.40) e em 84,6% das empresas existem medidas punitivas para controlar os que não aderem à política. Das que têm medidas punitivas, 52,4% são empresas de grande dimensão, enquanto 33,3% são empresas de média dimensão (Figura 4.41).

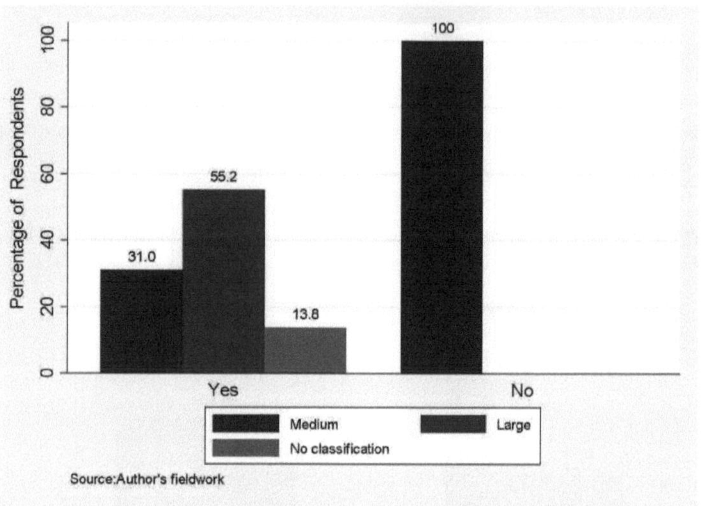

Figura 4.39Distribuição   dos inquiridos de acordo com a política de segurança

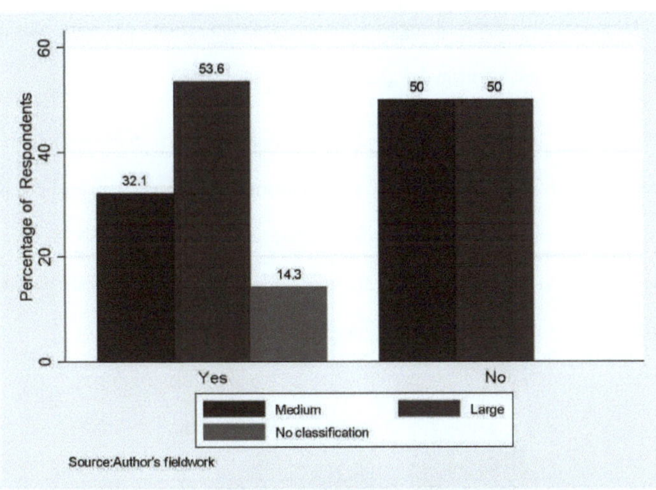

Figura 4.40Distribuição   dos inquiridos que utilizaram vestuário
e equipamento de proteção individual
como requisito para as actividades de manutenção

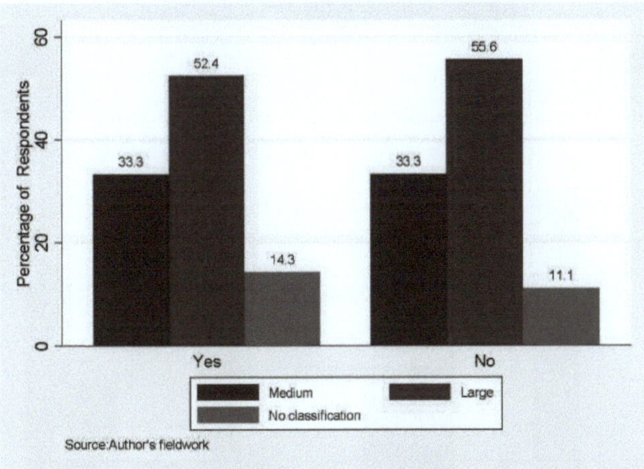

Figura 4.41Distribuição   dos inquiridos que utilizam medidas punitivas para impor a utilização de
vestuário e equipamento de proteção individual

4.10 AVALIAÇÃO DO DESEMPENHO DA MANUTENÇÃO

Foi pedido aos inquiridos que indicassem a frequência com que efectuam a avaliação da manutenção. Vinte

por cento dos inquiridos realizam a avaliação do desempenho da manutenção semanalmente, enquanto 36,7%

e 26,7% realizam esta atividade mensalmente e anualmente, respetivamente. 16,6% realizam-na noutras alturas (trimestral e bimensalmente) (Fig. 4.42). A Figura 4.43 apresenta um resumo dos resultados que mostram as actividades de desempenho da manutenção das grandes e médias empresas.

Os resultados revelaram que 36,6% utilizam a medição do desempenho da manutenção para medir o valor criado pela manutenção e justificar o investimento, 30% utilizam-na para rever a afetação de recursos, 33,3% para se adaptarem a novas tendências na estratégia de operação e manutenção, 56,7% para monitorizar e melhorar eficazmente as actividades de manutenção, 46,7% para reduzir os custos de manutenção e 23,3% para introduzir alterações na política de saúde, segurança e ambiente.

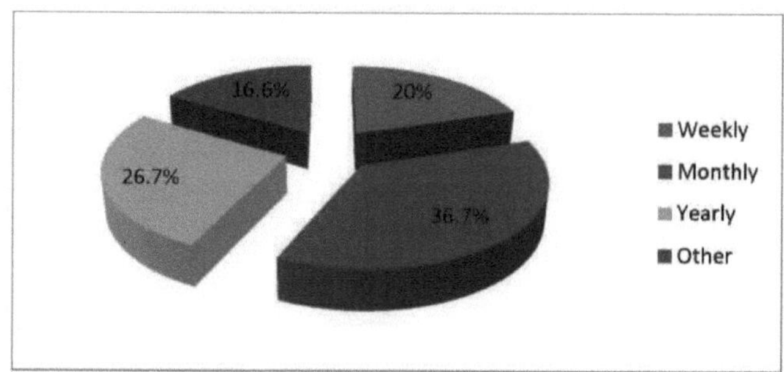

Figura 4.42 Intervalos de tempo em que o desempenho da manutenção é avaliado

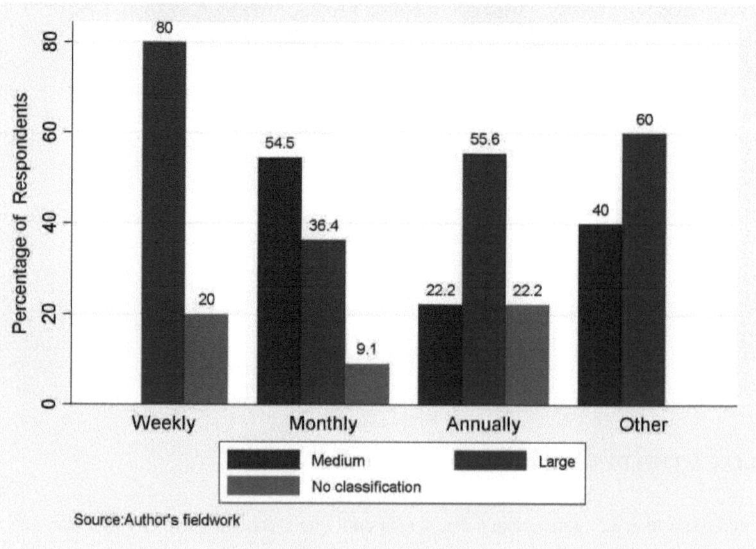

Figura 4.43 Distribuição dos inquiridos que efectuam
a medição do desempenho da manutenção

70

CAPÍTULO 5

5. 1DISCUSSÃO

5.1CARACTERÍSTICAS   E PERFIL DAS EMPRESAS INQUIRIDAS

5.1.   1Localização geográfica   dos inquiridos

A investigação abrangeu empresas do sector formal (empresas registadas no Departamento de Registo Geral) em Kumasi, Accra e Tema. Esta escolha foi feita porque estas cidades têm a maior concentração de empresas transformadoras no Gana (Frimpong, 2007). A maioria dos inquiridos era da região da Grande Acra, precisamente de Tema. O menor número de inquiridos veio de Kumasi, na região de Ashanti. Observou-se que a maioria das empresas na região de Ashanti são apenas filiais de empresas-mãe na região da Grande Acra. Além disso, a Figura 4.2 mostra claramente que a maioria dos inquiridos das várias cidades são empresas de grande dimensão.

5.1.   2Sector industrial   dos inquiridos

A maioria (26,7%) dos inquiridos especificou categorias fora dos principais sectores fornecidos. Estes incluíam o fabrico de gases industriais e medicinais, embalagens de plástico, petróleo e gás, produtos de alumínio, transformação de madeira e fabrico de cimento. Não houve qualquer resposta dos sectores têxtil, automóvel e de fabrico estritamente químico. Três vírgula três por cento das empresas fabricavam uma combinação de produtos alimentares e químicos. Os resultados também mostram (Figura 4.4) que, com

com exceção do sector metalúrgico, as empresas de grande dimensão dominam os outros sectores.

5.1.   3Estrutura de propriedade   das empresas inquiridas

A maioria das empresas inquiridas são privadas e a interação com pessoas de contacto designadas nestas empresas revelou que a maioria dos proprietários são estrangeiros. Além disso, os resultados mostraram que as empresas públicas, as sociedades de responsabilidade pública e as empresas comuns ganesas abrangidas pelo inquérito são grandes empresas. Nas empresas privadas (Gana-estrangeiras), há mais empresas de média dimensão do que de grande dimensão (Figura 4.6).

5.2EFICÁCIA   DA ORGANIZAÇÃO DA MANUTENÇÃO

Heisler (2008) sugere que uma boa organização é uma organização com pessoas eficazes que trabalham construtivamente em conjunto para um objetivo comum. Na sua opinião, um ponto fundamental é que estas organizações tenham um equilíbrio entre a política e a prática. Os resultados obtidos e as interações com o pessoal de manutenção atestam o facto de a maioria dos inquiridos ter atingido um certo grau de equilíbrio. Isto deve-se ao facto de as direcções das empresas inquiridas considerarem a manutenção como uma função central das suas actividades e a terem organizado adequadamente. Como prova disso, os resultados obtidos mostram que a maioria (83%) dos inquiridos opera departamentos de manutenção fiáveis e tem estruturas e pessoal nas instalações para facilitar a deteção de falhas sistemáticas e recomendar soluções, tal como sugerido por Damewood (2008). Dos inquiridos que têm oficinas, as empresas de grande dimensão são a maioria, como mostra a Figura 4.7. Para as empresas inquiridas que responderam "não" à questão de saber se a empresa tinha uma oficina, a principal razão dada para a resposta foi o facto de as suas direcções não considerarem uma oficina como uma prioridade e, como tal, não manterem uma.

Além disso, os departamentos de manutenção estão organizados com uma maioria (66,7%) de inquiridos que utilizam uma organização de manutenção centralizada. Esta categoria é seguida por organizações de manutenção parcialmente descentralizadas e descentralizadas, respetivamente. Dez por cento dos inquiridos não aplicam nenhum dos tipos de organização de manutenção acima referidos. As observações feitas a partir da Figura 4.9 revelam que, da percentagem de inquiridos que utilizam organizações de manutenção centralizadas, as empresas de grande dimensão constituem a maioria. Embora a informação não tenha sido prontamente disponibilizada, pode ser inferido a partir da interação com os inquiridos dentro das empresas que estas empresas de grande escala operam esta organização de manutenção porque as suas operações de manutenção ocorrem principalmente dentro das suas instalações. Mais uma vez, apenas as empresas de grande dimensão utilizam as organizações de manutenção descentralizadas, de acordo com as observações feitas por Corder (1976). De acordo com ele, isto significa que estas empresas têm pessoal de manutenção no local e também em todos os locais de operação e a gestão da manutenção em todos os locais são independentes uns dos outros. Para a organização de manutenção parcialmente descentralizada, tanto as empresas de média como as de grande dimensão partilharam percentagens iguais. Isto significa que estas empresas têm o pessoal de manutenção principal nas suas instalações e enviam equipas para tratar das actividades de manutenção noutros ramos, dependendo da natureza das competências de manutenção necessárias. A interação com os inquiridos revelou que a maioria aderiu às organizações de manutenção descritas.

Além disso, a maioria dos inquiridos (90%) é consultada nos seus departamentos de manutenção antes da aquisição de equipamento. Deste número, o fenómeno é mais frequente nas empresas de grande dimensão, como mostra a Figura 4.10. Embora ocorra sobretudo nas grandes empresas, uma percentagem razoável de empresas de média dimensão também segue a mesma abordagem. Isto prova que os chefes dos departamentos de manutenção foram integrados no mecanismo organizacional de tomada de decisões e desempenham papéis activos na gestão das empresas. É mais uma prova de que a gestão de topo reconhece a importância das inter-relações departamentais.

Outras interações revelaram que a maioria dos inquiridos organiza a sua manutenção de modo a que o pessoal de manutenção possa responder rapidamente e fornecer apoio de qualidade para a manutenção preventiva e de emergência, bem como para reconstruções e revisões periódicas, o que, de acordo com Heisler (2008), é um requisito mínimo para organizações de manutenção eficazes. Estes indicadores mostram que a organização da manutenção nas empresas industriais do Gana é eficaz.

5. 3PROCEDIMENTO DE MANUTENÇÃO   E DOCUMENTAÇÃO

5.3. 1Sistema de ordens de serviço utilizado

O sistema de ordens de trabalho contém informações relativas a trabalhos específicos para um equipamento ou instalação. Facilita o planeamento e a implementação da manutenção futura, respondendo a perguntas padrão relativas ao quê, como, quando, onde, porquê, quanto e com que frequência um trabalho deve ser feito (Gober, 2008). Os resultados (Figura 4.11) mostram que, em geral, a maioria (50%) dos inquiridos aplica o sistema de ordem permanente para implementar a manutenção, enquanto 26,7% utilizam a ordem de trabalho. Também se observou que, enquanto 6,6% utilizam ambos, 16,7% não aplicam nenhum dos sistemas e executam actividades de manutenção com base nas instruções do gestor de manutenção.

A Figura 4.12 mostra também que o sistema de ordens de trabalho é mais utilizado nas empresas de grande dimensão do que nas de média dimensão. No entanto, tantas as empresas de grande dimensão como as de média dimensão utilizam ambos os sistemas de ordens de trabalho.

É evidente que, no sector da indústria transformadora, a maioria das empresas adoptou sistemas de ordens de trabalho para a manutenção e é capaz de documentar adequadamente os procedimentos de manutenção para referência atual e futura.

5.3.2Integração do CMMS no sistema de gestão da manutenção

Apenas 26,7% dos inquiridos integraram o CMMS no seu sistema de gestão da manutenção. Desta percentagem, os resultados apresentados na Figura 4.13 confirmam que as empresas de grande dimensão constituem a maioria. Pode inferir-se dos resultados que, em geral, os processos de documentação são tratados manualmente em muitas das empresas e que apenas algumas empresas estão a colher todos os benefícios da utilização do software.

Na interação com os inquiridos, as razões apresentadas para a falta de utilização do software incluem o custo de aquisição do software e o facto de a administração não ter visto a necessidade de o adquirir para utilização, apesar das suas vantagens. Também identificaram os requisitos de implementação, por exemplo, a natureza da recolha de dados, o tempo de codificação, a informação para as ordens de trabalho, etc., como um grande desafio. Os inquiridos que o utilizavam responderam positivamente quanto ao seu contributo para melhorar o procedimento de documentação das actividades de manutenção. No entanto, referiram como um desafio a enorme carga de trabalho envolvida na recolha de dados e na sua introdução no software.

5.   4CUSTO DE MANUTENÇÃO

Embora os inquiridos tenham fornecido poucas informações para determinar os custos de manutenção na indústria transformadora do Gana, foi possível observar que os principais elementos que constituem o custo total de manutenção incluem a mão de obra, a eletricidade, a externalização, as peças sobressalentes e a água. A ordem decrescente dos elementos de custo da manutenção no Gana é a mão de obra, a externalização dos trabalhos de manutenção e reparação, a eletricidade, as peças sobressalentes e outros.

5.5INCENTIVOS   AO PESSOAL DE MANUTENÇÃO

Corder (1976) cita os incentivos como uma das ferramentas críticas que a gestão das organizações pode utilizar para aumentar a eficácia das actividades de manutenção nas indústrias. A tendência da Figura 4.14 mostra que dos 40% de inquiridos que dão incentivos ao pessoal de manutenção, a maioria (41,6%) são empresas de produção de média escala, e que a maioria dos incentivos dados são de natureza financeira. Um número igual de empresas de média e grande dimensão administra esta política. Mais uma vez, apenas as empresas de média dimensão administraram incentivos não financeiros ao pessoal de manutenção. De um modo geral, pode observar-se que as empresas de média dimensão consideram os incentivos para o pessoal de manutenção essenciais para as suas operações e estão a beneficiar mais da sua aplicação do que as empresas de grande dimensão.

5.   6SISTEMAS E ESTRATÉGIA DE MANUTENÇÃO

5.6.1Organização   da Manutenção e Reparação Internas

Foi pedido aos inquiridos que indicassem as percentagens de actividades de manutenção e reparação realizadas internamente. Os resultados mostraram que apenas 36,7% dos inquiridos realizam entre 98-100% das suas operações de manutenção e reparação internamente. A maioria dos inquiridos nesta categoria são empresas de grande dimensão (Figura 4.17). Afirmam que efectuam a manutenção e a reparação internamente como estratégia de redução de custos. Em termos de interação, a maioria dos inquiridos revelou conhecimentos técnicos sobre os sistemas e subsistemas de manutenção. Também a partir da Figura 4.17, observa-se que as empresas que implementam 50% e 100% da sua manutenção e reparação internamente são todas empresas de média e grande escala, respetivamente. Entre as que efectuam 70% da manutenção e reparação internamente, há mais empresas de grande dimensão do que outras. Todos os inquiridos utilizam uma mistura de sistemas para se adaptarem ao equipamento de produção.

Os resultados mostram claramente que a manutenção por contrato se introduziu na gestão da manutenção no Gana. Não foi possível obter muita informação para determinar os critérios de seleção dos contratantes. No entanto, os inquiridos mostraram-se satisfeitos com os serviços prestados pelos contratantes.

5.6.2Níveis   de automatização dos processos de produção

A investigação revela que a maioria dos inquiridos (70%) utiliza processos de produção semi-automatizados. A tendência observada é que as empresas de produção em grande escala constituem a maioria dos inquiridos que implementam vários níveis de automatização (Figura 4.19). Muitas empresas de média escala são também semi-automatizadas.

Haroun e Duffuaa (2009) afirmam que a gestão contemporânea considera a manutenção como uma função integral para alcançar operações produtivas e produtos de alta qualidade, mantendo a fiabilidade satisfatória do equipamento e das máquinas, tal como exigido pela era da automação. Os resultados obtidos mostram que a era da automatização chegou às empresas transformadoras ganesas e é possível que isto tenha forçado a gestão destas empresas a empreender actividades de gestão da manutenção eficazes para alcançar os benefícios resumidos por Haroun e Duffuaa.

5.6.   3Sistemas de manutenção   e estratégias utilizadas

A maioria das empresas transformadoras utiliza o sistema de manutenção preventiva de encerramento. Utilizam também esquemas de manutenção preventiva (de rotina), preditiva (baseada nas condições) e contratual, por ordem decrescente, respetivamente. O esquema de manutenção menos implementado, de acordo com os resultados, é a estratégia de manutenção produtiva total. Segue-se uma discussão das estratégias de manutenção individuais adoptadas de acordo com a categorização NBSSI para as empresas do Gana.

Sistemas de manutenção não planeada

No que respeita à estratégia de manutenção individual, observa-se na Figura 4.20 que são mais as empresas de grande dimensão que utilizam a estratégia de funcionamento de emergência até à falha do que as empresas de média dimensão. No que respeita ao sistema de manutenção em caso de avaria, o mesmo número de empresas de grande e média dimensão utiliza-o. A principal razão para a sua escolha é a natureza económica da estratégia de manutenção. A principal razão apontada para a sua escolha é a natureza rentável da estratégia de manutenção.

Manutenção planeada

Manutenção Preditiva Planeada

Observa-se na Figura 4.21 que um número igual de empresas de média e grande escala utiliza a manutenção preditiva baseada em estatísticas, enquanto as empresas de grande escala constituem a maioria das que empregam as actividades de manutenção baseadas nas condições. Os inquiridos afirmam que a aplicação dos regimes de manutenção lhes permite planear melhor e programar convenientemente, de modo a que as operações de manutenção só sejam efectuadas quando se justificam. Na sua opinião, um melhor planeamento e programação geram benefícios que incluem a redução do seu inventário de peças sobressalentes, o aumento da segurança das instalações e da vida útil das máquinas. Estas vantagens, bem como o aumento dos níveis de produção, aumentam os seus lucros.

Manutenção preventiva planeada

Observa-se que os inquiridos utilizam esquemas de manutenção preventiva corrente e de rotina. A Figura 4.22 mostra que as empresas de grande dimensão constituem a maioria dos inquiridos que implementam esquemas de manutenção preventiva corrente e de rotina. A mesma tendência é observada na Figura 4.23. As empresas inquiridas utilizam esquemas de manutenção preventiva de oportunidade e de encerramento e as empresas de grande dimensão constituem a maioria dos inquiridos que os implementam. A interação com as pessoas de contacto das empresas inquiridas revelou que estas empregam esquemas de manutenção corrente, de rotina e de oportunidade porque são mais adequados para o equipamento que funciona 24 horas por dia.

Manutenção de melhoria planeada

A Figura 4.24 mostra que a maioria dos inquiridos que aplicam a manutenção de melhoria da conceção e do encerramento são empresas de grande dimensão. As empresas de média dimensão preferem a estratégia de manutenção de encerramento. Os inquiridos que utilizam esquemas de manutenção de melhoria da conceção revelaram que compram e utilizam equipamento personalizado para a produção e consultam regularmente os fabricantes para integrar novas concepções e novas peças que melhorariam a sua eficiência e facilitariam os trabalhos de manutenção e reparação. Os inquiridos também referiram que utilizam a estratégia de encerramento principalmente porque lhes permite substituir peças velhas e gastas por peças novas ou usadas, bem como peças de máquinas melhoradas que são de maior qualidade para aumentar a vida útil da máquina e melhorar a produção.

Manutenção corretiva planeada

Tantas as empresas de grande dimensão como as de média dimensão utilizam a estratégia de manutenção corretiva diferida (Figura 4.25). As empresas de média dimensão constituem a maioria dos inquiridos que utilizam a estratégia de manutenção corretiva reparadora. Quanto à manutenção corretiva de encerramento, as empresas de grande dimensão constituem a maioria dos inquiridos que a utilizam (Figura 4.26).

Manutenção Produtiva Total

A Manutenção Produtiva Total (MPT) é a estratégia de manutenção menos implementada. A Figura 4.27 revela ainda que a pequena percentagem de inquiridos que a implementam é composta por igual número de empresas de média e grande dimensão. As razões citadas pelos inquiridos que não a utilizam incluem o custo de implementação e a natureza da documentação necessária. O TPM é considerado como uma ferramenta importante nos esforços necessários para atingir o estatuto de fabrico de classe mundial; um estatuto que permite às empresas obter vantagens competitivas (McKone et al., 2001; Ahuja e Khamber, 2007) e facilita a redução de custos ao mesmo tempo que melhora a qualidade e a entrega da manutenção (McKone et al., 2001). A maioria das empresas de produção no Gana não está, portanto, a experimentar os benefícios que poderiam ser derivados da manutenção produtiva total.

Manutenção de contratos

Telang e Telang (2010) referem que a manutenção por contrato tem feito incursões profundas no domínio da manutenção. Os resultados da investigação confirmam esta observação no panorama da indústria transformadora do Gana. Tanto as grandes como as médias empresas recorrem aos serviços de empresas de manutenção, mas as duas empresas de grande dimensão constituem a maioria (Figura 4.28). Os empreiteiros empregados são originários tanto do Gana como do estrangeiro, mas a maioria dos inquiridos prefere empreiteiros estacionados no Gana. De acordo com a Figura 4.29, algumas empresas de grande dimensão empregam estritamente os serviços de empreiteiros do Gana; outras preferem os do estrangeiro, enquanto uma secção emprega empreiteiros locais e estrangeiros. Uma maior percentagem de empresas de grande dimensão emprega tanto empreiteiros locais como estrangeiros. As empresas de média dimensão, por outro lado, utilizam principalmente empreiteiros locais.

Desafios encontrados durante a implementação das estratégias de manutenção

Os desafios gerais que os inquiridos enfrentam na aplicação das várias estratégias de manutenção incluem os seguintes: custo das paragens, custo das peças sobresselentes, incapacidade do pessoal de manutenção para reter os conhecimentos e as competências adquiridas, falta de fundos para a manutenção, substituição de peças defeituosas por contratantes, técnicas e ferramentas utilizadas e formação e benefícios do pessoal.

Custo do encerramento

Os inquiridos explicaram que a manutenção de paragens é um desafio porque a qualidade dos produtos produzidos para o mercado depende da temperatura a que as máquinas funcionam. A manutenção de paragem permite que as máquinas arrefeçam. Após a manutenção, a produção é iniciada com o equipamento a funcionar abaixo das temperaturas exigidas. De acordo com a sua experiência, os recursos são desperdiçados porque um número significativo de produtos, produzidos nas primeiras horas, é de qualidade inferior, gerando perdas para a empresa.

Custo das peças sobressalentes

Os inquiridos também referiram o aumento do custo das peças sobresselentes como um desafio, bem como o atraso nos prazos de entrega.

Não retenção, pelo pessoal de manutenção, dos conhecimentos e competências adquiridos

Os inquiridos referiram a retenção de conhecimentos e competências do pessoal de manutenção como um desafio. Segundo eles, o pessoal de manutenção não conseguiu reparar algumas máquinas sobre as quais tinha recebido formação porque tinha esquecido as competências e os conhecimentos adquiridos na altura em que eram necessários. Atribuíram o insucesso do pessoal de manutenção à natureza da formação que receberam. Este fenómeno reforça a afirmação de Barr (2000) de que o momento em que as empresas ganesas acumulam mais ativamente conhecimentos é quando investem em capital físico. Afirmou também que as empresas recebem normalmente formação e apoio técnico quando importam novos equipamentos. Para resolver o problema, as empresas recorrem a empreiteiros, uma ação que aumenta os seus custos de manutenção.

Os resultados mostram que apenas 10% dos inquiridos dão formação ao pessoal de seis em seis meses, a maioria (63,4%) dá-lhes formação no local de trabalho, principalmente durante as instalações, e 3,3% não dão qualquer formação. É o método ineficaz de formação implementado pelas empresas, no âmbito do inquérito, que está a gerar o problema e, por conseguinte, é necessário rever a natureza da formação do pessoal. A falta de conhecimentos especializados está a exigir a necessidade de manutenção por contrato.

Falta de fundos para a manutenção

Alguns chefes de manutenção também se queixaram da falta e, por vezes, do atraso na libertação de fundos para manutenção por parte da direção. Atribuíram este facto à falta de conhecimento da gestão sobre o funcionamento dos sistemas de manutenção.

Substituição de peças não conformes pelos contratantes

Os inquiridos que empregam os serviços de empreiteiros revelaram que os empreiteiros no Gana são geralmente representantes de empresas estrangeiras no estrangeiro. O principal desafio enfrentado pelos inquiridos é o facto de os representantes estarem muitas vezes relutantes em substituir as peças defeituosas devido às despesas adicionais em que incorrem. Quando concordam em substituir a peça defeituosa, o tempo gasto é proibitivo. O tempo de inatividade gerado por este atraso aumenta o custo de produção.

Técnicas e ferramentas utilizadas

É evidente, a partir das baixas percentagens dos resultados, que as empresas transformadoras geralmente não utilizam as técnicas e ferramentas tecnológicas comuns de ponta para as actividades de manutenção. Nos casos em que são utilizadas, os resultados mostram que são maioritariamente utilizadas pelas empresas de grande dimensão.

Formação e benefícios do pessoal

As empresas manufactureiras do Gana formam o pessoal de manutenção durante os períodos programados fixados para o departamento de manutenção. No entanto, a formação não é regular, não segue um calendário específico e não dispõe de meios de avaliação. A formação ocorre principalmente no local de trabalho ou sempre que há uma instalação de novos equipamentos ou peças sobressalentes. Observa-se na Figura 4.31 que as empresas de grande dimensão constituem a maioria dos inquiridos que formam o pessoal de manutenção de seis em seis meses e noutras ocasiões (principalmente no local de trabalho, ou seja, durante as instalações). Mais uma vez, as empresas transformadoras de média dimensão também dão formação no local de trabalho e preferem formar o pessoal de manutenção anualmente. É uma má prática o facto de algumas empresas de grande dimensão não darem qualquer formação ao pessoal de manutenção.

As informações provenientes das empresas indicam que estas continuam a ter problemas de especialização, apesar de disporem de pessoal de manutenção. Isto reflecte-se no número de inquiridos que recorrem a contratantes. Haroun e Duffuaa (2009), ao fornecerem uma solução para o problema, afirmam que a resolução de problemas de desempenho e a capitalização de oportunidades podem ser alcançadas através da seleção das pessoas certas, com as capacidades adequadas, apoiadas por formação contínua e bons esquemas de incentivos, a fim de alcançar o sucesso organizacional em termos de eficácia e eficiência do desempenho. Afirmam ainda que a complexidade e a importância crescentes da engenharia de manutenção justificam um aumento acentuado da formação dos operadores de máquinas e dos artífices de manutenção através de cursos escolares formais reforçados por instruções informadas de supervisores experientes. Além disso, sugerem que os empregadores não só seleccionem e coloquem o pessoal, mas também proporcionem facilidades para a sua formação contínua, de modo a aumentar a proficiência individual e recrutar pessoal para os graus de supervisão e superiores. Para o pessoal sénior, podem ser adoptados cursos de reciclagem compostos por conferencistas sobre aspectos específicos do seu trabalho, sendo também encorajados a trocar e discutir ideias. Por último, as organizações são instadas a desenvolver programas de formação e avaliação bem definidos para cada trabalhador.

5.7INFRA-ESTRUTURA   E PEÇAS SOBRESSALENTES

As oficinas desempenham um papel importante na manutenção do equipamento de produção. Oitenta por cento dos inquiridos têm oficinas de manutenção com as máquinas necessárias. No entanto, algumas oficinas não são utilizadas como é suposto. Observou-se também que a maior parte das actividades de manutenção tem lugar em equipamento defeituoso ou avariado. Só são efectuados pequenos trabalhos nas oficinas. Além disso, não é prestada muita atenção à regulamentação e documentação das actividades nas oficinas, possivelmente porque não são aí realizadas actividades importantes.

Além disso, a maioria dos inquiridos, que consiste principalmente em empresas industriais de grande dimensão (Figura 4.34), opera lojas para a manutenção. No entanto, apenas alguns (23,3%) utilizam o CMMS para adquirir peças sobresselentes para a manutenção. Os resultados (Figura 4.35) mostram que esta percentagem é composta por números iguais de empresas transformadoras de média e grande dimensão. A interação com os inquiridos revelou que a documentação nas lojas é feita manualmente. A vantagem de utilizar o software CMMS é perdida pela maioria das empresas industriais.

A pesquisa também mostra que a maioria dos inquiridos (36,7%), a maioria dos quais são empresas de grande escala (Figura 4.36), compram a maioria (55-85%) das suas peças sobressalentes no Gana. Além disso, as empresas de média escala compram 85-100% das suas peças sobressalentes no Gana. Mais uma vez, a maioria dos inquiridos (66,7%) compra as suas peças sobressalentes necessárias novas. A partir da Figura 4.37, a tendência mostra que as empresas de grande escala formam a maioria dos inquiridos que utilizam peças sobressalentes usadas, novas e tanto novas como usadas e uma maioria especialmente grande daqueles que compram peças sobressalentes usadas. Pode inferir-se da informação obtida que as actividades de manutenção no Gana criaram oportunidades de emprego na área do fornecimento de serviços e equipamento.

Além disso, observou-se que o "canibalismo", um sistema em que as peças de um equipamento antigo e não funcional são utilizadas para reparar um equipamento em funcionamento, a fim de facilitar a redução dos custos de manutenção, existe nas indústrias transformadoras. Sessenta e três vírgula três por cento dos inquiridos praticam-no como uma medida de redução de custos e de poupança de tempo e as empresas de grande dimensão constituem a maioria dos praticantes deste sistema (Figura 4.38).

5. 8GESTÃO DA SEGURANÇA

A maioria (96,7%) dos inquiridos tem políticas de segurança. De acordo com a Figura 4.39, todas as empresas de grande dimensão têm políticas de segurança. Das empresas com políticas de segurança, verificou-se que é obrigatório que todos os trabalhadores usem vestuário e equipamento de proteção durante a manutenção. A maioria dos inquiridos tem algumas medidas punitivas para garantir o cumprimento. As medidas punitivas assumem a forma de inquéritos, suspensões e pequenas deduções nos salários. De acordo com a Figura 4.41, as empresas de grande dimensão constituem a maioria desta categoria de inquiridos com medidas punitivas.

Os principais desafios que as empresas enfrentam na implementação de políticas de gestão da segurança provêm principalmente dos trabalhadores que se recusam constante e deliberadamente a usar equipamento de proteção individual e se queixam de desconforto. Alguns (57%) inquiridos também referiram o custo elevado do equipamento como um desafio. A partir das queixas apresentadas, é evidente que a maioria das empresas tem as políticas, mas as medidas punitivas não são suficientemente rigorosas para garantir o seu cumprimento.

5. 9MEDIÇÃO DO DESEMPENHO DA MANUTENÇÃO

A partir dos resultados obtidos, as empresas transformadoras abrangidas pelo inquérito realizam a gestão do desempenho da manutenção e a maioria (36,7%) fá-lo mensalmente. As empresas de grande dimensão constituem a maioria dos inquiridos que efectuam a medição do desempenho anualmente e noutras alturas, mas fazem-no sobretudo semanalmente. As empresas de média dimensão preferem principalmente efetuar a sua medição mensalmente, como mostra a Figura 4.43. O principal benefício obtido pelas empresas no âmbito do inquérito é a capacidade de monitorizar e melhorar eficazmente as actividades de manutenção. A redução do custo de manutenção é o próximo grande benefício obtido. Observou-se que os inquiridos não utilizam a medição para rever a afetação de recursos.

De acordo com Coetzee (1999), o principal objetivo da avaliação do desempenho da manutenção é ajudar a gestão estratégica a identificar tendências e a utilizá-las para orientar a empresa, bem como ajudá-la a tomar medidas corretivas quando necessário. Os resultados da investigação mostram que este objetivo está a ser alcançado.

CAPÍTULO 6

5.2CONCLUSÕES   E RECOMENDAÇÕES

6.   1CONCLUSÕES

Esta investigação centrou-se na situação da gestão da manutenção do equipamento de produção nas empresas transformadoras do Gana. O investigador realizou um inquérito a 30 empresas em Kumasi, Accra e Tema para recolher dados. O Stata 10, um pacote de software estatístico de uso geral, foi utilizado para analisar os resultados. A partir dos resultados obtidos, foram tiradas as seguintes conclusões.

1. a maioria (60%) dos inquiridos no inquérito são privados e utilizam processos semi-automáticos para a produção.

2. As empresas efectuam manutenção regular e a maioria adoptou uma combinação de estratégias de manutenção para se adequar aos diferentes equipamentos e máquinas utilizados na produção. No entanto, numa base individual, o sistema de manutenção mais comum (60%) utilizado pelos inquiridos é o encerramento preventivo. Este é seguido de perto pelos sistemas de manutenção preventiva de rotina (56,7%) e de manutenção por contrato (50%), respetivamente. A tendência observada é que as empresas de grande dimensão realizam mais actividades de manutenção regular do que as empresas de média dimensão.

3. as actividades de manutenção dos inquiridos são organizadas e documentadas. A maioria (66,7%) dos inquiridos tem uma organização de manutenção centralizada. A maioria (83,3%) dos inquiridos também possui departamentos de manutenção que utilizam formulários de pedido. O principal procedimento de manutenção utilizado é a ordem permanente. Mais uma vez, as empresas documentam o procedimento e as actividades de manutenção manualmente.

O conceito de integração de software informático de gestão da manutenção como instrumento de facilitação ainda não chegou às empresas transformadoras do Gana. No entanto, é utilizado em pequena escala para a documentação dos procedimentos de gestão de peças sobresselentes nos armazéns.

4) As actividades de manutenção implicam custos, o que pode ser um fator significativo na rentabilidade de uma organização. No entanto, com base noutros dados recolhidos, pode concluir-se que, entre a

mão de obra, a eletricidade, a subcontratação, etc., a mão de obra é o principal elemento de custo da manutenção.

5. Apesar dos atrasos na libertação de fundos para a manutenção, existe uma boa relação de trabalho entre a direção e o pessoal do departamento de manutenção que promove uma boa manutenção.

6) Na indústria transformadora, as empresas formam o pessoal de manutenção principalmente no local de trabalho, especialmente durante as instalações e a reparação de avarias. De acordo com os resultados, este método de formação revelou-se ineficaz e não contribuiu para uma manutenção eficaz e eficiente do equipamento de produção.

7) A manutenção por contrato entrou na gestão da manutenção no Gana. A maioria (50%) dos inquiridos atribui pelo menos 30% da sua manutenção a empreiteiros, a maioria dos quais (63,3%) está sediada no Gana. Vinte e três vírgula quatro por cento utilizam tanto empreiteiros ganeses como estrangeiros.

8. as actividades de manutenção não se caracterizam pela utilização de ferramentas e técnicas modernas. Apenas alguns inquiridos (30%) as utilizam. As razões atribuídas a este facto incluem a falta de relevância para a atividade de manutenção, o custo, o conhecimento para calibrar, o conhecimento para utilizar as técnicas e o tempo gasto na espera de resultados (utilizadores de SOAP).

9. Existem infra-estruturas adequadas para apoiar as actividades de manutenção na indústria transformadora. No entanto, as empresas não utilizam ativamente as suas oficinas para a manutenção, uma vez que a manutenção é essencialmente efectuada no equipamento. As peças sobressalentes são adquiridas novas na maior parte das vezes e a maioria das empresas adquire a maior parte das suas peças sobressalentes no Gana. Além disso, o "canibalismo" é praticado ativamente na indústria transformadora.

10 . A investigação revela que nenhuma das empresas inquiridas obteve o estatuto ISO 18001. As empresas inquiridas utilizam políticas de segurança internas e oferecem vestuário e equipamento de proteção ao pessoal, mas não dispõem de medidas rigorosas para garantir o seu cumprimento por parte do pessoal.

11 . as empresas medem o seu desempenho em matéria de manutenção, sendo que a maioria o faz mensalmente. Além disso, a maioria (56,7%) dos inquiridos procede a uma avaliação do desempenho, a fim de controlar e melhorar eficazmente as suas actividades de manutenção.

6. 2RECOMENDAÇÕES

Com base nos resultados obtidos com este trabalho, o investigador gostaria de fazer as seguintes recomendações:

1. um dos objectivos da investigação era determinar o custo da manutenção em percentagem do volume de negócios. A determinação deste valor teria contribuído muito para dar uma ideia de quanto as indústrias transformadoras estão a gastar em manutenção. Este objetivo não pôde ser alcançado devido à falta de cooperação entre os inquiridos e o investigador. Consequentemente, não foi possível sugerir medidas eficazes. O investigador experimentou em primeira mão a barreira que existe entre o meio académico e a indústria. Por conseguinte, recomenda-se que a universidade aumente os seus esforços para colmatar esta lacuna e facilitar a investigação.

2) O trabalho de investigação centrou-se nas empresas do sector formal (registadas no Departamento do Registo Geral). Por conseguinte, os resultados aplicam-se apenas às empresas transformadoras do sector formal do Gana. Para obter uma imagem mais completa da gestão da manutenção na indústria transformadora do Gana, recomenda-se a realização de mais estudos que incluam as empresas do sector informal.

3. Na interação, observou-se que os inquiridos estão satisfeitos com o sistema de manutenção que utilizam. Para além de um inquirido que estava efetivamente a implementar a TPM, apenas um outro estava a iniciar o processo. Para além do facto de terem demonstrado algum conhecimento da TPM, é necessária mais educação e encorajamento para chamar a sua atenção para os seus objectivos, benefícios e experiências que as empresas do mundo ocidental ganharam com a sua implementação.

4. observou-se que a formação do pessoal de manutenção nas indústrias transformadoras era inferior às expectativas. Por conseguinte, as empresas estão a perder benefícios, incluindo a redução da manutenção que poderiam ter obtido com a formação. Por conseguinte, recomenda-se que as indústrias transformadoras desenvolvam módulos de formação em manutenção normalizados e actuais e que formem regularmente o pessoal para aumentar a sua eficácia.

5) Recomenda-se que a direção das empresas de produção no Gana aumente os seus esforços para garantir o cumprimento dos regulamentos e políticas de segurança, a fim de evitar lesões e mortes desnecessárias. Além disso, devem dar prioridade à obtenção da certificação ISO 18000.

REFERÊNCIAS

1. Adejuyigbe, S.B., 2006, Industrial Automation in Ghanaian Industries (The Case of Kumasi Metropolis), Journal of Engineering and Applied Sciences. Medwell Online, ANSInet Building, 308-Lasani Town, Sagodha Road, Faisalabad- 38090, Paquistão. Vol.1 No. 4, pp 383-393.

2   . Adjaye, R.E., 1994, "Design and Optimized Operation with Reliability Centered Maintenance", IEE Conference on Electrical Safety in Hazardous Environment, No. 399, pp. 165-71.

3. Adonteng, D. O., 2011, Effective Accident /Incident Management Techniques for Accident Prevention and Road Safety Management, Ghana Institution of Engineers: Industrial Safety Management - The Role of the Professional, Kumasi, 24th março, 2011

4. Afranie, S., 2004, Maintenance of Residential Buildings in Ghana: Analyses of Problems, Causes and Policy Interventions, Journal of Applied Science and Technology. ISSN: 0855-2215

5. Ahmed, S., Hassan, M.H. e Taha, Z. (2005) TPM Can Goyond Maintenance: Except From A Case Implementation, Journal of Quality in Maintenance Engineering, Vol. 11 No. 1, pp. 19-42.

6. Ahuja, I. P. S. e Khamba, J.S., 2007, An Evaluation of TPM Implementation Initiatives in an Indian Manufacturing Enterprise, Journal of Quality in Maintenance, Vol.13, No.4

7   . Al-Najjar, B., 1996, Total Quality Maintenance: An Approach for Continuous Reduction in Costs of Quality Products, Journal of Quality in Maintenance Engineering, Vol. 2 No. 3, 1996, pp. 4-20.

8. Amuna e Lamptey, 2011, Occupational Health and Safety Risk Assessment in the Workplace, Ghana Institution of Engineers: Industrial Safety Management - The Role of the Professional, Kumasi, 24th março, 2011

9. Aniagyei, B. R., 2011, Overview of Occupational Health and Safety (OH&S) Management System (OHSAS 18001:2007), Ghana Institution of Engineers: Gestão da Segurança Industrial - O Papel do Profissional, Kumasi, 24th março, 2011

10. Annan, J. S., 2011, A Critical Look At Legal Requirement For Occupational Health And Safety In Ghana, Ghana Institution of Engineers: Gestão da Segurança Industrial - O Papel do Profissional, Kumasi, 23rd março, 2011

11. Bamber et al, 1999, Factors Affecting Successful Implementation of Total Productive Maintenance, Journal of Quality in Maintenance, Vol.5, No.3

12 . Barr, A., 2000, Social Capital and Technical Information Flows in the Ghanaian Manufacturing Setor, Oxford Economic Papers, Vol. 52, pp.539-559

13. Burton, K., 2001, Computerized Maintenance Management System, The Australian Health Care Maintenance Annual, pp 1-4,[www.adbourne.com.au] (acedido em 30th outubro,2010)

14 . Coetzee, J.L., 1999, A Holistic Approach To The Maintenance "Problem", Journal of Quality in Maintenance, Vol.5, No.3

15. Cooke, F. L., 2003, Plant Maintenance Strategy: Evidence from Four British Manufacturing Firms, Journal of Quality in Maintenance Engineering, Vol. 9, No.3

16. Corder, A. S., 1976, Maintenance Management Techniques, McGraw-Hill, Nova Iorque

17 . Crain, M., 2003, Role of CMMS, Industrial Technologies Northern Digital Inc, [www.plant-maintenance.com/articles/Role_of_CMMS.pdf] (Acedido em 5th janeiro, 2011)

18. Dabbs, T., 2008, Operating Policies of Effective Maintenance, em: Mobley, R. K., Maintenance Engineering Handbook, 7ª edição, McGraw Hill Companies Inc., EUA

19. Damewood, C. L., 2008, What is Maintenance Engineering? [http://www.wisegeek.com/what-is-maintenance-engineering.htm] (Acedido em 12th setembro,2010)

20. Dhillon, B. S., 2006 Maintainability, Maintenance, and Reliability for Engineers, CRCPress,[http://www.crcpress.com/product/isbn/9780849372438;jsessionid=D QGlsasgl2PS7BQpjxjkaw**] (Acedido em 12th setembro,2010)

21 . DiPaolo, R., 2010, Saving Money with CMMS, [http://www.cmmonline.com/articles/saving_money-with-cmms-7], (Acedido em 10th de maio de 2010)

22. Agência Europeia para a Segurança e a Saúde no Trabalho, Safe Maintenance - For Employers, Safe Workers - Save Money, [osha.europa.eu/en/publications/factsheets/89] (Acedido em 3rd outubro,2010)

23 . Franklin, S., 2008, Redefining Maintenance-Delivering Reliability, em: Mobley R. K., Maintenance Engineering Handbook, 7th Edition, McGraw Hill Companies Inc., USA.

24. Frazer, G., 2004, Which Firms Die? A Look at Exit from Manufacturing in Ghana, [http://www.csae.ox.ac.uk/conferences/2004-gprahdia/papers/4f-frazer- csae2004.pdf], (Acedido a 10th de maio de 2010)

25. Frimpong Abu, 2007, Improvements in Manufacturing Engineering Practices in Selected Meal Processing Industries in Ghana, Diss., Kwame Nkrumah University of Science and Technology, Mechanical Engineering Department, Kumasi, Ghana.

26. Gober, A. T., 2008, Computerised Planning and Scheduling, em: Mobley, R. K., Maintenance Engineering Handbook, 7th Edition, McGraw Hill Companies Inc., USA, pp. 172-206

27 . Gopalakrishnan, P., e Banerji, A. K., 2004, Maintenance and Spare Parts Management, Prentice Hall of India, Nova Deli

28. Haroun, A. E., e Duffuaa, S.O., 2009, Organização da Manutenção, em Ben-Daya et al., Handbook of Maintenance Management and Engineering, Springer, Londres, pp.14-15

29. Heisler, R., 2008, Effective Maintenance Organisations, em: Mobley, R. K., Maintenance Engineering Handbook, 7th Edition, McGraw Hill Companies Inc., USA, pp. 57-65

30. Hiatt, B.,2009, Best Practices in Maintenance, A 13 Step Program in Establishing a WorldClassMaintenance Organisation, [http://www.leanexpertise.com/TPMONLINE/articles_on_total_productive_mai ntenance/management/13steps.htm], (Acedido em 2nd outubro,2010)

31 Kelly, et al, 1982, Terotechnology, A Modern Approach to Plant Engineering, IEE Proc., Vol. 129, Pt. A, No. 2, março de 1982

32. Kister, T., 2008, Estimating Repair and Maintenance Costs, em: Mobley R. K., Maintenance Engineering Handbook, 7th Edition, McGraw Hill Companies Inc., USA, pp. 312-315

33. Kufuor, A., 2008, Employment Generation and Small Medium Enterprise (SME) Development - The Garment and Textile Manufacturing Industry in Ghana, [http://www.africaplatform.org/fr/resource/employment_generation_and_small_

medium_enterprise_sme_development_%E2%80%93_garment_and_textile_man] (Acedido em 12th de julho de 2011)

34. Lofsten, H., 1999, Management of Industrial Maintenance - Economic Evaluation of Maintenance Policies, International Journal of Operations and Production Management, Vol. 19 Iss: 7, pp.716 - 737

35 . McKone, K.E et al, 2001, "The Impact of Total Productive Maintenance Practices on Manufacturing Performance", Journal of Operations Management, Vol. 19, pp. 39-58.

36. Melomey, M. E. e Tetteh J. N., 2011, Safety Management Concepts and the Evolution of Safety Management Practice as a Profession, Ghana Institution of Engineers: Industrial Safety Management - The Role of the Professional, Kumasi, 24th março, 2011

37. Mishra, R. C. e Pathak, K., 2006, Maintenance Engineering and Management, 4th Edition, Prentice Hall of India, New Dehli, India

38. Mobley R. K., 2004, Maintenance Fundamentals, Second Edition, Elsevier Butterworth-Heinemann, 200 Wheeler Road, Burlington, MA 01803, EUA

39. Mobley, R. K., 2008a, Introduction to the Theory and Practice of Maintenance, em: Mobley, R. K., Maintenance Engineering Handbook, 7th Edition, McGraw Hill Companies Inc., USA, pp. 35-42

40. Mobley, R. K., 2008c, Manutenção Corretiva, em: Mobley, R. K., Maintenance Engineering Handbook, 7th Edition, McGraw Hill Companies Inc., USA, pp. 9699

41. Mobley, R. K., 2008d, Predictive Maintenance, em: Mobley, R. K., Maintenance Engineering Handbook, 7th Edition, McGraw Hill Companies Inc., USA, pp. 112 -127

42. Mobley, R. K., 2008e, Reliability-Based Preventive Maintenance, em: Mobley, R. K., Maintenance Engineering Handbook, 7th Edition, McGraw Hill Companies Inc., USA, pp. 100-111

43. Mobley, R. K., 2008f, Mechanical Instruments for Measuring Process Variables, em: Mobley, R. K., Maintenance Engineering Handbook, 7th Edition, McGraw Hill Companies Inc., USA, pp. 839 -877

44. Mobley R. K., 2008g, Electrical Instruments for Measuring, Servicing, and Testing, em: Mobley, R. K., Maintenance Engineering Handbook, 7th Edition, McGraw Hill Companies Inc., USA, pp. 879 - 904

45. Mobley, R. K., 2008h, Vibration: Its Analysis and Corretion, em: Mobley, R. K., Maintenance Engineering Handbook, 7th Edition, McGraw Hill Companies Inc., USA, pp. 905 - 940

46. Mobley, R. K., 2008i, An Introduction to Thermography, em: Mobley, R. K., Maintenance Engineering Handbook, 7th Edition, McGraw Hill Companies Inc., USA, pp. 941 -962

47. Mobley, R. K., 2008j, Total Productive Maintenance, em: Mobley R. K., Maintenance Engineering Handbook, 7th Edition, McGraw Hill Companies Inc., USA, pp. 134-151

48. Mobley, R. K., 2008k, Maintenance and Reliability Engineering, em: Mobley R. K., Maintenance Engineering Handbook, 7th Edition, McGraw Hill Companies Inc., USA, pp. 43-47

49 . Nyman, D. e Levitt, J., 2009, Maintenance Planning, Scheduling and Coordination, [www.reliabilityweb.com/art04/CMMIS.pdf] (Acedido em 20th outubro, 2010)

50. Obeng - Odoom, F., e Amedzro, L., 2011, Inadequate Housing in Ghana, [http://urbani-izziv.uirs.si/Portals/uizziv/papers/urbani-izziv-en-2011-22-01- 004.pdf.] (Acedido em 20th de outubro de 2010)

51 . Olszewski R., 2008, RCM success starts with CMMS, [www.reliabilityweb.com/fa/rcm.htm], (Acedido em 5th janeiro, 2011)

52. Pintelon, L. e Van Puyvelde, F., 2006, Maintenance Decision Making, UitgeverijAcco, Bruseelsetraat 153,3000 Leuven (Bélgica)

53. Pramod et al, 2006, Integrating TPM and QFD for Improving Quality in Maintenance Engineering, Journal of Quality in Maintenance,Vol.12, No.2, pp.150-171

54. Pramod et al., 2006, Methodology and Theory Integrating TPM And QFD For Improving Quality In Maintenance Engineering Journal of Quality in Maintenance Engineering, Vol. 12 No. 2

55. Raouf, A. e Ben-Daya, 1995, Total Maintenance Management: A Systematic Approach, Journal of Quality in Maintenance Engineering, Vol. 1, No. 1, 1995, pp. 614

56. Santiago, S. B., 2010, The Maintenance Man, [http://reliabilityweb.com/index.php/articles/the_maintenance_man/] (Acedido em 25th outubro, 2010)

57. Soderbom, M., 2000, What Drives Manufacturing Exports in Africa, Evidence from Ghana, Kenya and Zimbabwe, [http://www-wds.worldbank.org/external/default/WDSContentServer/WDSP/IB/2004/04/28/0 00265513_20040428170206/Rendered/PDF/28745.pdf] (acedido em 18th de outubro de 2010)

58. Telang A. D. e Telang A., 2010, Comprehensive Maintenance Management: Policies, strategies and Options, PHI learning Private Limited, New Dehli, India

59. Tsang, A. H. C., 2002, Strategic Dimensions of Maintenance Management, Journal of Quality in Maintenance, Vol.8, No.1

60. Tse, P.W., 2002, "Maintenance Practices In Hong Kong and the Use of the Intelligent Scheduler", Journal of Quality in Maintenance Engineering, Vol. 8 No. 4, pp. 369-80.

61. Wikoff D., 2008, Reliability-Centred Preventive Maintenance in: Mobley R. K., Maintenance Engineering Handbook, 7th Edition, McGraw Hill Companies Inc., USA

62 . Williamsen, M., 2008, Six Sigma Safety: Applying Quality Management Principles to Foster a Zero-Injury Safety Culture, em: Mobley R. K., Maintenance Engineering Handbook, 7ª edição, McGraw Hill Companies Inc., EUA

63 . Zhou et al., 2006, A Dynamic Opportunistic Maintenance Policy For Continuously Monitored Systems, Journal of Quality in Maintenance, Vol.12, No.3

APÊNDICE

INVESTIGAÇÃO SOBRE A ENGENHARIA DE MANUTENÇÃO DO
EQUIPAMENTO DE PRODUÇÃO
NA INDÚSTRIA TRANSFORMADORA DO GANA

QUESTIONÁRIO DO INQUÉRITO

O investigador é um estudante de pós-graduação no Departamento de Engenharia Mecânica da Universidade de Ciência e Tecnologia Kwame Nkrumah. Este questionário procura recolher informações que ajudem a determinar o estado da manutenção de engenharia do equipamento de produção nas indústrias transformadoras do Gana. Espera-se que a investigação revele os desafios relacionados com a manutenção que as indústrias do Gana enfrentam, para que se possam procurar soluções.

A. INFORMAÇÕES SOBRE A EMPRESA

1. Nome: ....
2. Região: ....
3. o seu sector de atividade: por favor, fique abaixo (√)

Industrial sector	
Textile	
Metal working	
Food processing	
Consumer goods	
Pharmaceutical goods	
Automotive	
Chemical	
Other (please specify):	

4) Quantos empregados tem a sua empresa? ....
5) Qual é o volume de negócios anual da sua empresa? GH0 ....
6. forma de propriedade da empresa: assinalar (√) abaixo conforme apropriado

State-owned	
Private ownership	
Joint-venture (Ghanaian-foreign)	
Joint –venture (Ghanaian)	
Public limited company	
Other (specify)	

B. EFICÁCIA DA ORGANIZAÇÃO DA MANUTENÇÃO

Assinale (√) quando relevante

1. Dispõe de um departamento de manutenção? ⌊Sim ⌊⌋Não
2) Em caso negativo, porquê

3) Que tipo de organização de manutenção utiliza a sua empresa?
 ] Centralizado⌊_⌊_⌋Descentralizado⌊_⌋_⌊Parcialmente descentralizado
4. O departamento de manutenção é normalmente envolvido ou consultado na seleção de equipamento

novo ou de substituição? |_|_Sim____|___|_Não

5   ) Em caso negativo, porquê? ....

C. PROCEDIMENTO E DOCUMENTAÇÃO DE MANUTENÇÃO PLANEADA

1.	Which type of work order system does your company utilize?	Standing	Direct work
2.	Has your company integrated a computerized maintenance management system (cmms)?	Yes	No
3.	If yes, has the integration of CMMS improved the documentation and procedure of maintenance activities?	Yes	No

D. CUSTOS DE MANUTENÇÃO

1. What is the annual maintenance cost incurred by the company? GH¢									
2. What proportion of the maintenance cost can be attributed to the following?									
Spare parts	%	Labour	%	Electricity	%	Outsourcing	%	Other :	%

E. INCENTIVOS À MANUTENÇÃO

1.	Does your company have an incentive policy for maintenance staff?	Yes	No
2.	What form does the incentive take?	Financial	Non-financial
3.	Does the implementation of the incentive policy result in improved maintenance output desired by your company?	Yes	No

F. SISTEMAS E ESTRATÉGIA DE MANUTENÇÃO

1. Assinale (√) abaixo para indicar o(s) sistema(s) de manutenção utilizado(s) pela sua empresa

Maintenance category	Maintenance system or strategy	Sub system	Aware of	Adopted
Run to failure	Emergency			
	Breakdown			
Planned maintenance	Predictive	Statistical-based		
		Condition-based		
	Preventive	Running		
		Routine		
		Opportunity		
		Shut down		
	Improvement	Design out		
		Shut down		
	Corrective	Deferred		
		Remedial		
		Shut down		
	Total productive			
	Contract			

2) Quais são os principais desafios que a sua empresa enfrenta na aplicação da estratégia ou estratégias de manutenção ....escolhidas?

3) Qual é o nível de automatização do processo de fabrico da sua empresa?
] Manual 2H Semi - Automatizado_|___|_Totalmente automatizado

4. Que proporção da sua operação total de manutenção e reparação é realizada internamente? 0%□ 20% □ 50% □ 70% □ 100%QOutro: ....%□

5. Qual é a localização do empreiteiro de manutenção que realiza as outras actividades de manutenção? No Gana   [___|_No estrangeiro

6. Indique, assinalando (√), os dispositivos e técnicas de ensaio utilizados nas operações de manutenção, quer por contratantes quer por técnicos da própria empresa

Device	Function	Used
Boroscope	Aids visibility of inaccessible parts	
Flexiscope	Aids visibility of inaccessible contoured surfaces and u-bends	
Liquid dye penetrant	Aids detection of surface cracks and porosity	
Ultrasonic corona detector	Aids listening to the "carona" in the voids in the cables which can damage insulation	
Ultrasonic Hardness tester	Used to read surface hardness in Rockwell C	
Creep tester	Measures changes in dimensions of equipment	
Tension checker	Used to check tension in driving belts of equipment	
Laser beam source and detector readout	Permits alignment of shafts	
Pistol grip static meter	Measures electrostatic charge on surfaces	
Portable sonic resonance meter/tester	Measures thickness and soundness of wood or concrete	
Eddy current tester	Detects tiny discontinuities on or under the metal surface	
Pencil probe leak detector	Detects Freon leaks	
Thermopile heat flow sensor	Aids determination of heat loss due to insulation	

Technique	Function	Used
Magnetic particle detection	Locates surface and sub-surface discontinuities	
Radiography	Facilitates location of defects	
Thermal testing	Measures of temperature indicating abnormal working conditions	
Acoustic emission testing	Detects minute increasing flaws such as cracking development	
Holography	Detects debonds within honeycomb core structures	
In situ metallography	Monitors metallurgical changes such as intergranular cracking	
Strain monitoring	Monitors parts subject to strains during operation	
Vibration monitoring	Facilitates pin-pointing the causes of vibrations	
Spectrometric oil analysis procedure (SOAP)	Aids monitoring of the condition of machines by analyzing the concentration of metal elements in oil samples taken	

7) Quais são os principais desafios associados à utilização dos dispositivos de teste e das técnicas adoptadas? ....

G. FORMAÇÃO DO PESSOAL

1. Com que regularidade é ministrada formação ao pessoal de manutenção?
   || A cada seis meses | | Anualmente | | Outro (especificar):
2. Qual das seguintes vantagens da formação em manutenção pode ser reivindicada?
   _ Melhoria da eficiênciaRedução   dos custos de manutenção
   _ Redução do nível de supervisão | Outro: ....

H. INFRA-ESTRUTURAS E PEÇAS SOBRESSALENTES

1.	Does your company have a maintenance workshop?		Yes		No
2.	Does the company use request forms for the use of the workshop?		Yes		No
3.	Does your company have a store for the maintenance department?		Yes		No
4.	Do you use information from the CMMS to determine the time and parts to procure?		Yes		No
5.	Is it the practice to use parts from old or unused machines		Yes		No
6.	What percentage of spare parts do you procure in Ghana?				
	0-25%	25-55%	55-85%	85-100%	
7	Describe the quality of spare parts purchased in Ghana?				
	Used parts		Brand new parts		
8.	What is the lead time for delivery of parts to your company?				
	A week	Less than 3 Weeks	A Month	Other (specify):	

I. GESTÃO DA SEGURANÇA

1.	Does your company have a safety policy?		Yes		No
2.	Is it a requirement for all workers to wear protective clothing and equipment during maintenance?		Yes		No
3.	Is there some punishment for workers who do not adhere to the safety policy?		Yes		No

4   ) Quais são os desafios que enfrenta na execução da política de segurança durante a manutenção?

J. AVALIAÇÃO DO DESEMPENHO DA MANUTENÇÃO

1) Com que frequência é avaliado ou medido o desempenho da manutenção?
   |Semanal__|_Mensal__|__|_Anual__|__|_Outro (especificar):
2. Qual das seguintes situações foi o resultado da avaliação do desempenho da manutenção? Assinale (√) quando aplicável.

	Measuring the value created by maintenance and justifying investment
	Revising resource allocations
	Adapting to new trends in operation and maintenance strategy
	Effective monitoring of and improvement in maintenance activities
	Reduction in maintenance cost
	Changes in health and safety and environmental policy
	Other (specify)

Printed by Books on Demand GmbH, Norderstedt / Germany